江淮对流云人工增雨技术

袁　野　朱士超　编著

气象出版社
China Meteorological Press

内 容 简 介

本书通过江淮对流云综合观测，结合数值模拟，分析研究了江淮对流云宏观微观结构特征、演变规律及降水物理机理，并结合对流云人工增雨外场试验，研究建立了对流云降水物理模型和人工增雨作业指标体系。分析了江淮对流云降水形成机制；通过催化试验分析了不同降水物质在催化过程中的演变。在外场作业试验中，利用成对对流云效果评估方法，评估了生命期内目标云各物理参量的变化。

本书可供从事人工影响天气的科技人员、相关院校师生参考。

图书在版编目(CIP)数据

江淮对流云人工增雨技术 / 袁野，朱士超编著. —
北京：气象出版社，2020.9
　　ISBN 978-7-5029-7282-0

　　Ⅰ.①江… 　Ⅱ.①袁… ②朱… 　Ⅲ.①对流云-人工
降水 　Ⅳ.①P481

中国版本图书馆 CIP 数据核字(2020)第 177330 号

江淮对流云人工增雨技术
Jianghuai Duiliuyun Rengong Zengyu Jishu

出版发行：气象出版社	
地　　址：北京市海淀区中关村南大街 46 号	**邮政编码**：100081
电　　话：010-68407112(总编室)　010-68408042(发行部)	
网　　址：http://www.qxcbs.com	**E - m a i l**：qxcbs@cma.gov.cn
责任编辑：王萃萃	**终　　审**：吴晓鹏
责任校对：张硕杰	**责任技编**：赵相宁
封面设计：楠竹文化	
印　　刷：北京中石油彩色印刷有限责任公司	
开　　本：787 mm×1092 mm　1/16	**印　　张**：7.625
字　　数：195 千字	**彩　　插**：2
版　　次：2020 年 9 月第 1 版	**印　　次**：2020 年 9 月第 1 次印刷
定　　价：40.00 元	

前　言

我国是水资源严重短缺的国家之一,通过人工增雨等手段缓解水资源短缺的需求十分迫切。江淮地区是我国粮食主产地之一,也是国家新增千亿斤粮食的一个重要地区,但同时也是一个干旱频发的地区。每年7月、8月是农作物生长的关键时期,也是江淮地区主要伏旱期,经常需要开展人工增雨作业。对流云是江淮地区人工增雨作业的主要云系,资源也非常丰富,因此,开展江淮地区对流云增雨技术研究具有十分重要的意义。但由于对流云的内部结构非常复杂以及缺乏先进探测监测手段,使得我们在对流云增雨作业条件判别、作业时机选择等方面的把握还存在一定的盲目性和不确定性,影响到了江淮地区对流云人工增雨作业的实效。

2013年,安徽省人工影响天气办公室会同中国气象科学研究院、南京大学、南京信息工程大学、湖北省人工影响天气办公室等单位联合申报成功公益性行业(气象)科研专项"江淮对流云结构特征及增雨作业指标研究"(项目编号:GYHY201306040)。针对江淮地区对流云,利用常规多普勒雷达、双偏振雷达及其他探测设备,开展了对流云宏微观结构的综合观测和分析;结合数值模拟,研究了对流云宏观微观结构特征、演变规律及降水物理模型;通过外场试验,开展了对流云人工增雨物理统计检验;研究了江淮地区对流云增雨作业技术,形成了对流云人工增雨作业指标体系,进一步完善了现有的业务系统,在实际业务中发挥了积极作用。

作者作为项目负责人,主持了项目的研究工作,归纳总结了其中部分研究成果形成本书,希望让更多的人了解人工增雨的业务技术水平、面临的科学技术难题,也希望对全国人工增雨技术的发展尽绵薄之力。

本书内容均来自行业专项"江淮对流云结构特征及增雨作业指标研究"的研究成果,是项目组成员共同劳动的结晶,也包含了项目成员单位同仁的默默奉献。项目研究得到了许焕斌研究员、郭学良研究员的全程指导。在此,向许焕斌老师、郭学良老师和中国气象科学研究院、南京大学、南京信息工程大学、湖北省人工影响天气办公室、安徽省人工影响天气办公室等单位的同仁以及项目组全体成员表示感谢!

由于本人专业水平的限制,本书仅仅是自己的体会和思考,不足之处还望见谅,也希望得到专家们的指导!

袁野

2019 年 11 月于合肥

目　　录

第1章 江淮对流云综合观测试验

大气降水是人类可持续利用淡水资源的主要来源。人工影响天气(以下简称"人影")是防灾减灾和开发空中云水资源的科学有效途径。我国各级党委和政府历来高度重视人影工作,将人影作为防御干旱、冰雹等气象灾害和增加地面水资源的主要措施。国内气象灾害防御的需求,推动了我国人影事业的迅速发展,作业规模已居世界首位。

我国是水资源严重短缺的国家之一,对通过人工增雨等手段缓解水资源短缺的需求非常迫切。江淮地区是国家新增千亿斤粮食的重要地区,同时也是干旱频发的地区。每年的7、8月既是农作物生长的关键时期,也是江淮地区的主要伏旱期,经常需要开展人工增雨作业。对流云是江淮地区开展人工增雨的主要云系,资源比较丰富。由于对流云的自然降水效率较低,增雨潜力大(许焕斌,2015),因此,开展江淮地区对流云增雨技术研究具有十分重要的意义。虽然该地区各省加大了人工增雨作业的力度,也取得了一定成效,但由于对流云的内部结构特征比较复杂以及缺乏先进探测监测手段,使得我们在对流云增雨作业条件判别、作业时机选择等增雨条件的把握存在一定的盲目性和不确定性,制约了江淮地区对流云人工增雨作业的实效(郭学良等,2013)。

目前我国的新一代多普勒天气雷达网已经建成,各种新型的探测工具如风廓线雷达、双偏振雷达、GPS-MET都已经逐步得到了应用。通过这些先进设备探测到云体内部的粒子相态结构以及滴谱等信息,在人工增雨的潜势分析、作业指挥和效果评估中具有重要作用。因此,通过以天气雷达为主的综合观测体系获取的信息,分析江淮地区对流云体内部结构,研究对流云人工增雨技术与方法,对切实提高江淮地区各省对流云人工增雨的实际效果,具有十分重要的现实意义。

1.1 江淮对流云主要天气类型

对2000—2012年安徽省内观测到雷暴日(共计1609 d)的日均500 hPa高度场数据进行EOF分析。在分析结果中,对方差贡献率在1%以上的模态进行分析(表1.1)。方差贡献大于1%的模态总共有10个,累积方差贡献率为90.96%(覃丹宇等,2014)。

表 1.1 前 18 个模态对方差的贡献率(%)

模态 1	模态 2	模态 3	模态 4	模态 5	模态 6	模态 7	模态 8	模态 9	模态 10
68.4	4.82	4.58	3.05	2.57	2.13	1.72	1.46	1.21	1.03

通过 North 准则,发现模态 2 和模态 3 相互不独立。因此在分析中不对模态 3 进行分析。采用相关系数来选取与模态分布最为接近的 500 hPa 高度场分布,即各模态典型日的500 hPa 高度场(黄勇等,2015a,b)。

1.1.1　平直西风型

模态 1 空间分布总体上呈现出南高北低的纬向分布特征,其中低值中心主要位于中西伯利亚高原—千叶群岛一带。与模态 1 空间分布相关程度最高(相关系数的绝对值最大)的 500 hPa 高度场,20°N 以南的位势高度在 5800 gpm 以上,副热带高压(以下简称副高)位于菲律宾以东的洋面上;50°N 以北的位势高度在 5400 gpm 以下,低压中心位于中西伯利亚高原—雅库茨克一带。中高纬度地区位势高度较为平直,仅有短波槽的活动,未出现高、低压系统。模态 1 的时间系数存在明显的季节变化。

从模态 1 的空间分布以及典型日 500 hPa 高度场的分布分析,安徽省及其周边地区等高线较为平直,且不存在明显的低压系统,因此将这一模态的 500 hPa 高度场分布归属为平直西风型,其主要特征是:30°—40°N 之间存在平直的等高线,且安徽省周边区域不存在明显的高低压中心。

1.1.2　内陆高压外围型

模态 2 空间分布呈现南北高、中间低的分布特征。正值区主要有两片,分别位于 10°N 以南和 60°N 以北的地区;两个负值中心分别位于乌拉尔山以西的东欧平原和内蒙古高原—西太平洋一带。模态 2 典型日的 500 hPa 高度场上,70°N 以北的极区为一个低压系统控制,外兴安岭到鞑靼海峡一带存在一个低压中心。另外,阿拉伯海到孟加拉湾一带的位势高度比周边要低,表明这一区域内也存在一个低压系统。对于高压区域而言,主要有三片,分别位于东欧平原、青藏高原东北部到河套一带以及南海到西太平洋一带。模态 2 无明显的年际变化特征。

模态 2 安徽省处在大范围的负值区域中,与周边区域相比,也未出现数值的突变。从模态 2 典型日 500 hPa 高度场的分布分析,青藏高原到华北中部一带出现了大范围的高压区,安徽省恰好处在这个内陆高压区的边缘,位势高度也超过了 5800 gpm。另外,青藏高原到华北中部一带出现的高压区,也是其他各模态典型日高度场分布中所不具有的特点。鉴于以上两点将这一模态归类为内陆高压外围型。这一类型的主要特征是,安徽省的西北侧(青藏高原东北部到河套一带)为一个高压中心控制。

1.1.3　低槽 I 型

模态 4 的空间分布中,最显著的特点是 30°N 以南的区域为大范围的 0 值,30°N 以北的中高纬度地区存在两个正值中心和一个负值中心,自西向东的数值呈现出正-负-正的分布规律。模态 4 典型日(2012 年 7 月 22 日)的 500 hPa 高度场上,位势高度高于 5880 gpm 的区域主要有四片,分别位于 60°E 以西的中低纬度地区、青藏高原、东海以及西太平洋。另外,在乌拉尔山东侧还存在一个阻塞高压,高压中心的位势高度未超过 5800 gpm。在中高纬度地区,在贝加尔湖和千叶群岛附近还存在两个低压中心。低纬地区有两个范围较大的低压中心(位于印度半岛和南海)和两个范围较小的低压中心(均位于菲律宾以东的洋面上)。我国 40°N 及其以北地区受到一个由贝加尔湖低压所产生的低槽的影响。

模态 4 的空间分布中,安徽省及其以北地区存在一条向南弯曲的槽线。在典型日的 500 hPa 高度场上,安徽省虽然未处在一个明显的低压槽中,但是却处在一个向南延伸的低压槽南侧。综合模态 4 的空间分布和典型日的高度场,将此类型归类为低槽Ⅰ型。该类型的主要标志为:中高纬度有一个阻塞高压,在阻塞高压东南侧还存在一个低压中心。低压中心向南延伸出的自北向南的南支槽只影响到 40°N 附近,低槽的主体主要位于我国华北地区,槽线未超过 120°E。

1.1.4　高压脊型

模态 5 空间分布中,高纬度地区为显著的正值区,中纬度地区为显著的负值区。而在 20°N 以南的低纬度地区数值以 0 为主,只有在菲律宾以东的洋面上出现了不显著的正值区。在模态 5 典型日的 500 hPa 高度场上,高纬度地区以低压为主,两个低压中心分别位于乌拉尔山和新西伯利亚群岛附近。我国东北地区到朝鲜半岛一带有一个低压槽发展,该低压槽一直向南延伸到了东海。中纬度地区存在两个显著的高压中心,分别位于阿拉伯半岛和西太平洋。另外在南海和菲律宾以东的洋面上还存在低压中心。

模态 5 的空间分布中,安徽省及其附近区域内存在一条脊线。在典型日的 500 hPa 高度场上,安徽省处在东北低槽的槽后区域,以及安徽省西北侧弱高压脊的前部。模态的空间分布上安徽省处在脊线附近,而典型日的 500 hPa 高度场上则处于低槽后部、高压脊的前部。因此,脊线是这一形势中安徽省所在区域的主要特征,为此将这一模态归类为高压脊型。这一类型的主要特征是,安徽省附近存在一个高压脊,但安徽省并不处在高压中心。

1.1.5　副高控制型

模态 6 的空间分布中,30°N 以南的区域以 0 值为主,30°N 以北的区域内存在两个负值中心和三个正值中心。其中,两个负值中心分别位于巴伦支海和中西伯利亚高原到鄂霍次克海一带。三个正值中心分别位于乌拉尔山附近、西太平洋和北冰洋。模态 5 典型日的 500 hPa 高度场上,位势高度大于 5880 gpm 的区域主要有三片,分别位于乌拉尔山东侧、伊朗高原到阿拉伯高原一带以及华中、华南向东延伸至西太平洋的广大区域内。鄂霍次克海附近有一个低压中心。

从模态 6 的空间分布来看,安徽省处在极值中心位于西太平洋的正值区域中。从典型日 500 hPa 的高度场来看,安徽省处在向南发展的东北低槽的槽后(西南部),且西部部分地区的位势高度高于 5880 gpm(副高控制),而中东部地区的位势高度则介于 5840~5880 gpm 之间。由于空间分布中,安徽省处在西太平洋向西延伸的正值区域中,而 500 hPa 高度场上也有部分区域被西伸的副高控制,因此将这一分布类型归属为副高控制型。该类型的主要特征是,500 hPa 高度场上,安徽省有部分或者全部区域的位势高度高于或等于 5880 gpm。

1.1.6　副高外围Ⅰ型

模态 7 的空间分布中,30°N 以南的区域内以 0 值和小的正值为主,正负极值中心主要出现在 30°N 以北的区域内。在高纬度地区,两个正值中心和两个负值中心自西向东依次交替出现。正值中心分别位于东欧平原和中西伯利亚高原,负值中心则位于巴尔喀什湖北侧以及堪察加半岛附近。典型日的 500 hPa 高度场上,中低纬度地区有两个高压中心,分别位于伊朗高原到阿拉伯高原一带以及东海到西太平洋洋面一带。高纬地区的有两个高压脊和两个低压槽,分别位于东欧平原和贝加尔湖北侧,两低压槽分别位于乌拉尔山附近和我国东北到华北一带。另外在堪察加半岛附近存在一个低压中心。

从模态 7 的空间分布来看,安徽省处在 0 值区域内,其北侧为正值区域。从典型日 500 hPa 高度场来看,安徽省北部处在一个低槽的底部,南部处在位势高度大于 5880 gpm 的高压区域(副热带高压)的边缘。考虑到模态空间分布和典型日 500 hPa 高度场上,安徽省分别处在正值区和高压区域(副热带高压)的边缘,因此将这一类型归属为副高外围Ⅰ型。这一类型的主要特征是,安徽省东南部处在副高边缘(500 hPa 位势高度高于 5880 gpm 的区域边缘),而安徽省的北部受到来自华北的低槽的影响。

1.1.7　低槽Ⅱ型

模态 8 的空间分布相对比较复杂,不仅在中高纬度出现了多个极值中心,而且在 30°N 以南的区域内也出现了一正一负两个极值中心,分别位于印度半岛到菲律宾群岛一带以及西太平洋。30°N 到 60°N 之间自西向东依次出现了负-正-负三个极值中心;与之相反在 60°N 以北的区域自西向东依次出现了正-负-正三个极值中心。典型日的 500 hPa 高度场上,位势高度大于 5880 gpm 的高压区域主要位于北非到伊朗高原一带、青藏高原东部以及东海及其以东洋面上。在 70°N 以北的区域内,出现了两片低压区域和一个阻塞高压中心。西侧的低压区域范围大、强度强,其向南延伸出两个低槽,分别位于巴尔喀什湖附近和贝加尔湖附近。在中纬度地区,渤海湾附近存在一个低压中心,其低压槽向南发展到江淮流域。在千叶群岛附近也有一个低压槽向南发展。另外,在青藏高原南侧的马尔瓦高原附近和索马里东侧存在两个低压中心。

从模态 8 的空间分布中可以看出,安徽省处在负值区向南发展出来的槽线上。在典型日的 500 hPa 高度场上,安徽省也处在渤海湾附近低压中心向南延伸出来的低压槽前。因此,将这一类型归属为低槽Ⅱ型。这一类型的主要特征是:与安徽省经度相同的高纬度地区存在一个阻塞高压,副高向西发展到了 130°E 以西的区域,安徽省处于来自于北方的低槽前部。

1.1.8　低压控制型

模态 9 的空间分布中,20°N 以南的区域以 0 值为主。30°N 以北的区域内出现了两个负极值中心和四个正极值中心。两个负极值中心范围和所在纬度基本相同,分别位于乌拉尔山和外兴安岭附近。四个正极值中心分别位于东欧平原西侧、中西伯利亚高原、西北太平洋以及我国江淮流域。模态 8 典型日的 500 hPa 高度场上,位势高度大于 5880 gpm 的区域主要位于北非到伊朗高原一带和日本列岛以南的洋面上。高纬度中西伯利亚高原附近存在一个阻塞高压,两个低压中心分别位于乌拉尔山和大兴安岭附近。在 30°N 以南的区域内,在马尔代夫群岛到我国南海一带以及台湾以东洋面上存在多个低压中心。其中位于台湾岛东侧的低压中心强度较强,中心位势高度区域 5800 gpm。

模态 9 的空间分布中,安徽省处在一个极值中心附近。而在典型日 500 hPa 高度场上,安徽省的位势高度要比南、西、北三个方向上相邻区域低。因此将这一类型归属为低压控制型。这一类型的主要特征是,500 hPa 高度场上,在中西伯利亚高原的高纬度地区存在一个阻塞高压,中纬度地区的等位势高度线较为平直,安徽省的位势高度要比大部分的周边区域低(四个方向中,至少有 3 方向上的相邻区域位势高度高于安徽省)。

1.1.9　副高外围Ⅱ型

模态 10 的空间分布中,20°N 以南的区域以 0 值为主。30°N 到 60°N 之间自西向东依次出现了负-正-负三个极值中心;与之相反,在 60°N 以北的区域自西向东依次出现了正-负-正三个极值中心。模态 10 典型日的 500 hPa 高度场上,40°N 以北的区域内,主要分布着两个高压脊和两片低压区及其引起的低压槽。40°N 以内的区域内,主要在北非到伊朗高原一带和东海及其以东洋面上存在一东一西两个位势高度大于 5880 gpm 的高压区域。安徽省处在东侧高压区域向内陆延伸区域的北侧,并且受到位于一个来源于我国东北的低压槽(低压中心位于我国东北地区)的影响。

从模态 10 的空间分布来看,安徽省处在正负数值交界的区域,其东北部为正值,而西南部为负值。从典型日 500 hPa 高度场来看,安徽省的等位势高度线较为平直,但处在位势高度高于 5880 gpm 的高压区域北侧边缘。因此将这一类型归属为副高外围Ⅱ型,这一类型的主要特征是,安徽省的等位势高度线较为平直,但是处在位势高度大于 5880 gpm 的副高北侧边缘。

通过以上分析,可以将安徽省出现雷暴的 500 hPa 高度场形势划分九个类型:平直西风型、内陆高压外围型、低槽Ⅰ型、低槽Ⅱ型、高压脊型、副高控制型、低压控制型、副高外围Ⅰ型和副高外围Ⅱ型。

(1)平直西风型:30°—40°N 之间存在平直的等高线,且安徽省周边区域不存在明显的高低压中心。

(2)内陆高压外围型:安徽省的西北侧(青藏高原东北部到河套一带)为一个高压中心控制。

(3)低槽Ⅰ型:中高纬度有一个阻塞高压,在阻塞高压东南侧还存在一个低压中心。低压中心向南延伸出的自北向南的南支槽只影响到 40°N 附近,低槽的主体主要位于我国华北地区,槽线未超过 120°E。

(4)低槽Ⅱ型:与安徽省经度相同的高纬度地区存在一个阻塞高压,副高向西发展到了 130°E 以西的区域,安徽省处于来自于北方的低槽前部。

(5)高压脊型:安徽省附近存在一个高压脊,但安徽省并不处在高压中心。

(6)副高控制型:500 hPa 高度场上,安徽省有部分或者全部区域的位势高度高于或等于 5880 gpm。

(7)低压控制型:500 hPa 高度场上,在中西伯利亚高原的高纬度地区存在一个阻塞高压,中纬度地区的等位势高度线较为平直,安徽省的位势高度要比大部分的周边区域低(四个方向中,至少有三个方向上的相邻区域位势高度高于安徽省)。

(8)副高外围Ⅰ型:安徽省东南部处在副高边缘(500 hPa 位势高度高于 5880 gpm 的区域边缘),而安徽省的北部受到来自华北的低槽的影响。

(9)副高外围Ⅱ型:安徽省的等位势高度线较为平直,但是处在位势高度大于 5880 gpm 的副高北侧边缘。

1.2　江淮对流云综合观测试验布局

1.2.1　综合观测方案

外场科学试验区的选择基于以下原则：

(1)选取的区域气候条件,下垫面能代表江淮对流云特征；

(2)选取的区域内属于江淮对流云多发地带；

选取的区域内具有比较完善的业务观测体系；

选取的区域内交通通信以及供电等措施方便,有利于试验的开展。

因此,本次试验区选取的范围为(115.50°—118.85°E, 30.88°—33.54°N),其中,加密观测区范围为(116.90°—118.45°E, 32.05°—33.45°N),选择定远、寿县为超级观测站,布设相应的观测加密观测仪器。

1.2.2　综合观测主要天气过程(IOP)

1.2.2.1　2013 IOP 天气过程综述

(1)2013 IOP1(20130623)

22 日 20 时 200 hPa 南亚高压东伸加强到 120°E 附近,安徽省中南部地区在其控制之下,淮北地区位于其东北侧,23 日 08 时减弱西退。22 日 20 时 500 hPa 上 584 dagpm 线位于黄河中下游到苏皖北部一线,河套至四川盆地有一低槽,短期内东移南下影响安徽省,850 hPa 低涡位于河北南部,东移南下过程中影响安徽省,安徽省南部沿江地区有一条切变线,降雨主要位于沿江地区;23 日 08 时 500 hPa 槽线东移至华北东部至安徽省淮北地区,安徽省淮河以南都处于西南气流中。700 hPa 急流在沿江一带,850 hPa 切变线北抬移至安徽省江淮之间,降水范围开始明显扩大,23 日梅雨锋位于云贵高原以东地区经过安徽省延伸至日本岛。另外,不断有对流系统沿着切变线生成发展并移向安徽省,23 日 20 时 500 hPa 槽线南压至沿江,700 hPa 急流也南压至浙江,安徽省降水趋于结束。

(2)2013 IOP2(20130625)

24 日 20 时 200 hPa 南亚高压东伸加强到 114°E 附近,安徽省位于其东北侧,25 日 08 时开始减弱西退。24 日 20 时 500 hPa 上 584 dagpm 线位于长江中下游地区,陕西南部至四川盆地有一低槽,短期内东移南下影响安徽省,850 hPa 切变线位于重庆、湖北北部至安徽省沿淮一带,安徽省降水主要在江淮之间,切变线在后期东移加强后发展为低涡系统;25 日 08 时 500 hPa 槽线位于安徽省西部的湖北境内,且华北南部又有低槽生成东移,安徽省处于西南气流中,700 hPa 急流位于沿江江南,850 hPa 低涡位于江淮之间,且低涡南侧有急流,降水范围开始增大到沿江地区。25 日 20 时 500 hPa 槽线南压至安徽省南部,700 hPa 急流仍在江南一带,850 hPa 切变线南压至沿江一带,安徽省降水主要在沿江江南,之后随切变线南压后逐渐趋于结束。

(3)2013 IOP3(20130626—20130627)

26 日 08 时南亚高压位于 100°E,之后向东扩展到 112°E 附近,27 日 08 时开始西退。26 日 08 时 500 hPa 槽线位于甘肃南部至四川中部一带,之后向东移动影响安徽省。26 日 20

时 500 hPa 低槽移到安徽省北部一带。27 日 08 时 500 hPa 低槽加深,27 日 20 时槽线东移入海。26 日 08 时 850 hPa 在江淮之间有一条切变线,之后南压至沿江江南,之后稳定少动,27日 08 时 700 hPa 和 850 hPa 都有急流建立,但 850 hPa 急流位置偏南。27 日 20 时 850 hPa 切变线东移南压,安徽省降水趋于结束。安徽省降水从江淮之间开始并南扩发展之后随着系统向东南移动而减弱。

(4)2013 IOP4(20130705)

4 日 20 时安徽省西南地区受南亚高压控制,5 日 20 时南亚高压西退维持在 115°E。4 日20 时 500 hPa 槽线位于河南中部、陕西南部一带,后期东移南压影响安徽省。5 日 20 时在陕西南部、四川盆地又有一个低槽生成东移。4 日 20 时安徽省北部 852 hPa 有低涡生成,5 日 08时与东北低涡连接起来,在江淮之间形成一条冷式切变线,且 700 hPa 与 850 hPa 在切变线南侧均有急流生成。5 日 20 时 850 hPa 切变线东移南压,此过程降水减弱。降水从沿淮开始,之后发展到江淮之间,且安徽省西部有对流云团不断沿长江东移,造成江淮之间的强降水。

(5)2013 IOP5(20130706—20130707)

6 日 08 时 200 hPa 南亚高压东伸脊点位于 106°E,中心强度值为 1260 gpm,6 日 20 时南压高压中心强度加强为 1264 gpm,东脊点为 111°E 附近,7 日 08 时强度减弱为 1260 gpm,但脊点东移到 116°E,7 日 20 时继续加强东伸,东脊点位于 120°E。6 日 08 时 500 hPa 在陕西、重庆、贵州一带有一槽线,在华北北部也有一条槽线,6 日 20 时华北槽东移南下至河北中部,南方槽线南移到湖南贵州云南的东部;7 日 08 时南北两支槽线合并,在河北东部、湖北东部至湖南贵州一带形成一深槽区,且 500 hPa 风场加大,在安徽省中心风力达 20 m/s 以上。这条槽线向东移动,7 日 20 时槽线位于安徽省中部,且在山东半岛形成低涡。6 日 08 时 850 hPa在安徽省西部已有低涡形成,但急流位置偏南,20 时急流北抬,在安徽省淮河形成一条暖式切变线,7 日 08 时湖北有低涡生成,位于安徽省的急流在北抬过程中加强,中心最大风力达26 m/s,7 日 20 时湖北低涡向东北方向移动到安徽省东北部。位于 700 hPa 急流随着系统移动从沿江向北抬至江淮之间。安徽省降水首先在西部生成发展,其后向东向北扩展到江淮地区。

(6)2013 IOP6(20130721)

200 hPa 南亚高压控制安徽省,高压脊的主体偏西。20 日 20 时 500 hPa 槽线位置偏北,在东北至华北东部一带,安徽西部有一浅槽,21 日 08 时随着北方冷空气南下影响,槽线位于山东、河南、湖北东部一带,21 日 20 时低槽南移出安徽省。20 日 20 时 850 hPa 切变线位于东北华北东部至安徽省北部,随着冷空气南下影响,21 日 08 时在山东与苏皖交界处形成低涡系统,安徽省切变线位于淮河流域,四川盆地至湖北西部有一暖切变线生成,21 日 20 时 850 hPa上位于淮河地区的切变线继续维持。强对流云团在安徽省西部生成并向东移动,后随系统南压,安徽省降水趋于结束。

(7)2013 IOP7(20130722—20130723)

200 hPa 南亚高压 22 日 20 时加强至 110°E 附近,之后减弱西退。22 日 08 时 500 hPa 槽线位于河套中部至四川盆地一带,22 日 20 时槽线略有东移,副高加强北抬,584 dagpm 线位于安徽省淮河流域;23 日 08 时华北槽继续东移南下,23 日 20 时槽线东移入渤海湾。整个过程安徽省都在槽前西南气流中,槽线位置偏北。22 日 08 时 850 hPa 西南地区有低涡形成,20时低涡北抬至河南西北部,23 日 08 时低涡在北抬时加强,中心位于京津冀地区,且 850 hPa 急流中心最大风力增强到 22 m/s,23 日 20 时低涡继续东移,进入辽宁沿海。700 hPa 急流随系统从南向北推进。

　　(8)2013 IOP8(20130824—20130825)

　　23 日 20 时,我国大部分地区为南亚高压控制,南亚高压呈西北—东南向带状分布,东脊点位于 134°E,24—25 日南亚高压减弱西退,南亚高压逐渐转为东西向分布。

　　500 hPa(等压面,下同)上中高纬度呈现两槽一脊分布,由于受登陆后减弱西移的热带低值系统影响,副高断裂为两部分;热带低值系统位于广西湖南交界处。安徽省受热带低值系统倒槽影响 23—25 日有雷阵雨活动。到 25 日 20 时热带低压系统减弱西移,副高西伸,安徽省处于 588 线北侧。24 日 08 时,由于受减弱后的热带低值系统倒槽影线,850 hPa 上安徽省沿淮地区有明显的倒槽切变,受其影响,24 日安徽省降水主要发生在沿淮附近。随着热带低值系统减弱西移,25 日 08 时,850 hPa 上安徽省临泉—泗县—射阳有一东西向的横槽切变维持,并逐渐南压,到 25 日 20 时南压至江南,受其影响大的降水南压。在安徽省北部,临泉—利辛—明光—仪征有切变线存在,淮北还有降水存留。

1.2.2.2　2014 IOP 天气过程综述

　　(1)2014 IOP1(20140531—20140601)

　　长江中下游处于其北侧。河套东部有冷低涡东移,其后部有低槽携带弱冷空气南下。588 dagpm 线控制华南,584 dagpm 线自西南向东北经过安徽江淮地区,暖湿气流活跃。冷暖空气交汇,从 31 日夜里到 1 日白天,从安徽西北部向东南部先后带来较强降水。有低涡沿江淮地区的东西向切变线东移,且逐渐发展成较为深厚的黄淮气旋。安徽先受其前侧的暖式切变线影响,后转受其后侧冷式切变线影响,切变线两侧均有急流伴随,降水强度较大。6 月 1 日 02 时前后沿淮西部降水最强,一个正在发展加强的中尺度对流复合体(MCC),同时沿淮风速较大,地面气温 22~23℃。1 日 20 时以后,安徽转处沿海槽后部,对流层低层也转为西北风,风速为 12 m/s 左右,降水结束较快。地面气温回升到 25~28℃。

　　(2)2014 IOP2(20140611)

　　11 日 08 时,东北冷涡东移入海,安徽省受槽后西北气流控制,700 hPa、850 hPa 上空安徽省受东北气流影响。全省湿度条件较差,700 hPa 干区位于安徽省以南。850 hPa 和 500 hPa 高度温差在 25℃ 以上,无明显冷暖平流。探空显示安庆、南京 K 指数和对流有效位能(CAPE)值较小,北部阜阳和徐州 K 指数和 CAPE 值较大。

　　(3)2014 IOP3(20140614—20140617)

　　14—17 日 500 hPa 上低槽位于山东、河南东部至湖北中西部一线,安徽省处于槽前。受西南气流影响,700 hPa 和 850 hPa 切变位于江南。850 hPa 和 925 hPa 上大湿度区位于长江以南地区,700 hPa 上安徽省淮北为一干区。江南 K 指数达到 36℃,上午江南东部局地有雷暴。低槽不断东移,位于江南的切变也不断南压,降水过程结束。

　　(4)2014 IOP4(20140620—20140621)

　　19—20 日南亚高压主体较偏南、偏西,1260 gpm 高度的高压中心位于青藏高原以南。19 日 20 时 500 hPa 上贝加尔湖到河套为宽广的低槽区,有弱冷空气分裂南下;584 dagpm 线在江西南部和浙江南部一带,20—21 日副热带高压略有增强,584 dagpm 线北抬至安徽江南南部。850 hPa 切变线维持在江南南部,且南侧有西南急流配合。21 日夜里位于江南南部的切变线逐渐南压,雨带也随之南压;同时西南风速明显减小,雨势减弱。

(5)2014 IOP5(20140625—20140627)

24 日南亚高压增强并向东扩大,到 26 日时出现 1260 gpm 的中心,长江下游处于其东北侧。24 日 500 hPa 从贝加尔湖以东到新疆为宽广的低槽区,北方有冷空气南下。同时 25—26 日副热带高压逐渐增强,脊线北抬到 22°N 附近。孟加拉湾维持低压区,30°N 附近西南暖湿气流活跃。冷暖空气在江淮流域交汇。850 hPa 一条东西走向的切变线从江南北部逐渐北抬到江淮之间,700 hPa 西南风急流向东延伸,25 日逐渐转为西风急流,同时 850 hPa 江南也出现西南风急流。26 日切变线维持在江淮之间,并且有低涡沿切变线东移,一条东北—西南走向的静止锋降水带,带来了合肥以南强降水过程(26 日 08 时—27 日 08 时,歙县昌溪 140.4 mm)。地面气温为 21~24℃。27 日乌拉尔山高压脊东移,从贝加尔湖东部到秦岭为弱脊,江淮处高空槽后,低层切变线南压减弱,急流消失,江南为东风有弱降水,北部无雨区气温升高到 29℃左右。

(6)2014 IOP6(20140701—20140703)

30 日 20 时 200 hPa 南亚高压东伸加强到 116°E 附近,安徽省南部位于其东北侧,2 日 08 时明显减弱西退,降水过程减弱结束。30 日 08 时 500 hPa 上 584 dagpm 线位于四川北部、沿淮到长江下游一线,贝加尔湖到河套北部有一低槽,短期内东移南下影响安徽省,850 hPa 切变线位于湖北至安徽省沿江西部一带,并在东移过程中逐渐加强,降雨主要位于沿江江南;随着低涡向东偏北移动,切变线向北移至安徽省江淮之间,降水范围明显扩大,1 日 8 时 500 hPa 上河套东部到四川盆地有一低槽,安徽省位于槽前西到西南气流中,700 hPa 急流位于沿江一带,相应较强降水也位于沿江地区;1 日梅雨锋位于湖南、江西北部到安徽省沿江江南,不断有对流系统沿着切变线生成发展并移向安徽省。2 日 08 时 500 hPa 低槽位于华北经长江中游到云贵高原一带,副高增强北抬至江西中北部一带,850 hPa 低涡位于安徽省淮北东部,槽线位于大别山区,同时 700 hPa 急流位置位于安徽省沿江,强降水落区位于急流两侧;2 日 20 时随着低涡东移入海,安徽省受槽后西北气流控制,700 hPa 急流也南压至江西北部浙江中部一线,安徽省降水结束。

(7)2014 IOP7(20140704—20140705)

3 日 20 时开始南亚高压增强并向东扩大,到 4 日 20 时出现 1260 gpm 的中心,长江下游处于其东北侧,并且长江中下游地区出现明显的风向分流,为高空辐散区。3 日 500 hPa 从贝加尔湖以北有阻塞高压存在,中纬度有华西低槽东移,4 日在黄淮地区发展为低涡。同时 4—5 日副热带高压稳定少动,脊线位于 24°N 附近,584 dagpm 线位于沿江一线。孟加拉湾维持低值区,30°N 附近西南暖湿气流活跃。冷暖空气在江淮流域交汇。850 hPa 上 3 日长江中游有暖切变线生成,4 日切变线东伸北抬至江淮之间,其上有低涡发展东移,切变线南侧有西南急流发展东伸,同时 700 hPa 沿江也存在西南风急流有一条东北—西南走向的静止锋降水,给安徽江淮中南部和沿江带来强降水(5 个乡镇超过 250 mm,最大桐城铜锣 297.9 mm)。5 日低涡继续东移,江南受低槽和西南急流共同影响,在安徽省江南中南部出现强降水(76 个乡镇超过 100 mm,最大泾县靠山 184.4 mm)。6 日乌拉尔山高压脊东移,从贝加尔湖东部到秦岭为弱脊,江淮处高空槽后,低层切变线南压减弱,急流消失,安徽全省降水结束。

(8)2014 IOP8(20140711—20140713)

11—13 日南亚高压受低槽东移影响,其高压脊线从 30°N 附近,逐渐南压到 25°N 附近。500 hPa(等压面)上,11—13 日从贝加尔湖以东到东北、华北受东北低涡影响,且低涡后部有低槽加深东移南下,影响安徽。同时,副热带高压特征线 588 dagpm 线由广东西部经贵州中部、湖南北部、湖北南部、安徽南部到浙江北部入海逐渐南压广西西部、贵州中部、湖南中部、江西中部到浙江南部入海。而且随着低压槽与副高的不断接近,其槽前西南风风速逐渐增强,最大到 32 m/s。850 hPa 和 700 hPa(等压面)上,到 11 日 20 时,西南低涡暖切变线与东北低涡后部冷切变线合并,形成一条东西走向的切变线从重庆经湖北、安徽中部到江苏中部入海,之后切变线南侧西南风速增大,12 日 08 时形成从华南经湖南、江西到湖北到安徽南部的急流带,并随着 500 hPa 低压槽东移而缓慢南压,到 13 日 08 时切变线南压至浙江北部到江西中北部一带,其南侧西南急流减弱消亡。11 日下午安徽省南部出现对流云系,并逐渐发展覆盖湖北东南部、安徽南部和江西北部、浙江北。给宿松县造成了 80.0 mm/h(15—16 时))的强降水。到 12 日从西南经华中到安徽、江苏形成一条西南东北向的梅雨锋云带,并随低槽逐渐南压到华南、华中南部和华东南部。11—14 日过程降水结束。

(9)2014 IOP9(20140715—20140719)

14 日 08 时至 16 日 20 时 200 hPa 降水存在逐渐东伸加强又逐渐减弱西退的过程,其中 15 日 20 时达到最强,东端达到 110°E。14 日 08 时 500 hPa 上华北经重庆到四川盆地有一低槽,安徽省受低槽影响,850 hPa 江西、浙江北部有一切变,并加强北抬逐渐影响安徽,华北北部有一低槽,并东移南下,14 日夜里切变线已经开始影响安徽省,同时受华北低压槽影响黄淮地区有对流天气发展;15 日 08 时 500 hPa 低压槽仍然位于华北经河南湖北至四川一线,700 hPa 急流位于皖赣交界一带,850 hPa 山东半岛经长江中游到湖南、贵州一线有一冷切变线,短期内安徽省仍受低压槽冷切变线影响,较强降水出现在 700 hPa 急流附近。16 日 08 时 500 hPa 等压面上华北经河南、湖北到云贵有一低压槽,重庆到四川盆地有一低压槽,低层在江淮西部有一弱切变,沿江有一低空急流,受低压槽和低空急流影响,安徽省仍有降水,南海有一台风生成,副高北抬,低空急流也随之北抬,在北抬过程中逐渐减弱。至 17 日 08 时,副高北抬至江南南部,低空急流位于江淮之间,风速明显减弱,降水趋于结束。

(10)2014 IOP10(20140724—20140725)

24 日 20 时台风"麦德姆"(1410)已到达安徽南部,在安徽东部有风切变,对观测区降雨带来影响;25 日 8 时台风已移出安徽省,继续向东北方向移动,观测区的降雨随台风的移出减弱消散。

(11)2014 IOP11(20140730—20140801)

我国中部地区受大陆高压控制,安徽省位于高压东侧,2014 年第 12 号台风位于台湾省以东洋面上,我国东部地区已受台风外围环流影响,台风倒槽位于安徽省淮北地区。安徽全省大部地区中低层湿度较大,850 hPa 高度及以下比湿均在 14 g/kg 以上,700 hPa 高度上安徽省温度露点差小于 4℃。850 hPa 高度上淮河以南有−3℃降温,500 hPa 淮北有 1℃增温。探空显示,安徽省阜阳站 CAPE 较小之外,徐州、安庆、南京等站 CAPE 均在 800 以上。K 指数全省都较大,均在 34℃ 以上。

1.2.2.3　2015 IOP 天气过程综述

(1)IOP1(20150602—20150603)简析

1)降水情况

2015 年 6 月 2—3 日,安徽、江苏两省自北向南有一次降水过程,其中安徽中东部、江苏南部雨量较大,2 日午后局部地区出现短时强降水,小时雨量超过 80 mm,并伴有雷暴天气。

2)天气形势

2 日 08 时 500 hPa 大气环流较平,中低层自广西、湖南、江西至苏皖两省南部有一支西南急流,850 hPa 高度安徽中西部有一低涡生成并向东移动,低涡后部伴有冷性切变线,700 hPa 高度切变线位于湖北、河南交界至安徽省中西部。14 时,低涡移至苏皖两省交界,低涡前部有较强的西南风向风速辐合,为强降水的集中地区。

(2)IOP2(20150607—20150609)简析

1)降水情况

6 月 7 日凌晨开始,合肥以南地区先后出现降水,其中大别山区南部和江南南部暴雨,部分地区大暴雨,8 日后期雨带逐渐南压减弱。

2)天气形势

7 日 20 时,500 hPa 低槽位于河套以东,安徽省北部环流较平,南部受西南气流影响,700 hPa 切变线自湖北河南交界至安徽省江淮之间西部。降水时段主要集中在 7 日后期至 8 日前期,随着切变线东移南压,雨带随之南压减弱。

(3)IOP3(20150615—20150618)简析

1)降水情况

16—17 日,安徽省江淮之间和江苏南部出现强降水天气,大部地区 24 h 累计雨量超过 50 mm,局部超过 200 mm,最大小时雨强超过 60 mm。

2)天气形势

16 日 08 时,500 hPa 安徽省北部受东北冷涡后部西北气流影响,南部为西南气流,584 dagpm 线位于沿江一带。700 hPa 切变线位于湖北北部、安徽北部至江苏北部,自华南、江西至苏皖两省南部有一支西南急流。850 hPa 切变线位于湖北中部、安徽省江淮之间至江苏中南部。16 日后期,584 dagpm 线南压,中低层切变线东移南压,并加强为低涡影响安徽省江淮之间东部及江苏中南部地区,该区域雨势较大,局部出现大暴雨。

(4)IOP4(20150623—20150630)简析

1)降水情况

6 月 23—30 日安徽省出现持续降水天气,主雨带在安徽省淮北及沿江江北之间摆动。过程累计雨量超过 50 mm 的区域占据安徽省 3/4 的面积,累计雨量超过 100 mm 的区域超过安徽省一半面积。降水分三个阶段:第一阶段(24—25 日前期)主雨带位于皖北—苏北一线;第二阶段(25 日午后)江淮之间东部的飑线过程,第三阶段(26—28 日)主雨带位于江淮之间。

2)天气形势

500 hPa 安徽省大部处于 588 dagpm 和 584 dagpm 线之间,584 dagpm 线自安徽省淮河以北至江苏中部呈东西走向,700 hPa 切变线位于苏皖两省与山东交界,850 hPa 切变线位于皖北至苏北一线,切变线南侧西南风速较大,降水主要分布在 584 dagpm 线附近。

(5)IOP5(20150706—20150711)简析

1)降水情况

受第 9 号台风"灿鸿"(1509)影响,10—12 日,浙江东部沿海出现大到暴雨,局部大暴雨的天气。安徽省江淮之间部分地区和江南大部、江苏东部均有降水,部分地区大到暴雨。

2)天气形势

10 日 08 时 500 hPa 台风中心位于福建以东洋面,并向西北偏北方向移动。受其影响,副高脊线北抬至江淮之间中部,西脊点位于安徽省江淮之间东部。安徽省北部主要受副高西侧反气旋影响,南侧逐渐转受台风北部偏东气流影响。11 日 14 时,台风中心位于宁波沿海附近,并转向北偏东方向移动,受其外围云系影响,安徽省江北中东部和江南大部地区风力较大,并伴有降水。

(6)IOP6(20150715—20150718)简析

1)降水情况

15—18 日,安徽省自北向南出现明显的降水过程,强降水主要位于淮北南部至江淮之间北部。累计雨量最大超过 240 mm,最大小时雨强达到 84 mm。

2)天气形势

15 日 08 时,500 hPa 低槽位于河套地区中部至四川东部,安徽省受槽前西南气流影响。850 hPa 倒槽位于湖北东部至江淮之间,湖北、湖南、重庆交界有低涡生成。15—16 日,北方冷空气东移南下,850 hPa 低涡发展东移至安徽省江淮之间西部,安徽省沿淮地区出现强降水。后期,低涡缓慢南压,淮河以南仍有明显降水。

(7)IOP7(20150722—20150725)简析

1)降水情况

22—25 日安徽省出现一次明显降水过程,强降水区域位于安庆、六安、池州、铜陵、黄山、合肥和滁州等地,并伴有短时强降水、雷暴和雷雨大风等强对流天气。22 日 08 时—26 日 08 时累计降雨量:1200 个乡镇超过 50 mm,覆盖面积 7.43 万 km²(占安徽省总面积 53.2%,下同),451 个乡镇超过 100 mm,覆盖面积 2.43 万 km²(17.4%),36 个乡镇超过 250 mm,最大为怀宁杨联圩 442.5 mm。23 日安庆、池州和泾县等地最大小时雨强 70~90 mm,其中最大为太湖中河 142.7 mm(20—21 时);22 日、23 日分别有 23 个、29 个市县伴有雷暴,22 日岳西出现 8 级雷雨大风。

2)天气形势

23 日 08 时,500 hPa 华北西部至湖北、重庆有一低槽,安徽省位于槽前西南气流,700 hPa 和 850 hPa 湖北与湖南交界处有低涡生成,低涡南侧有一支西南急流影响安徽省沿江江南,并伴有西南风速辐合。23—24 日,高空低槽东移,中低层西南涡逐渐东移影响安徽省沿江西部,并向东北方向移动,安徽省沿江江南及江淮之间东部均出现强降水。

1.2.3　综合观测数据服务系统

本项目完成期间,建立了综合观测数据服务系统。为了解决行业专项项目中的探测资料及加工分析产品的收集、入库和共享问题,使用入库扫描程序将多种气象资料根据配置的参数进行自动扫描筛选到数据库内,实现资料的统一收集和整理。研制开发数据服务平台,采用网络服务器形式,为项目数据应用提供服务。

气象综合资料管理服务系统是对气象科学研究中涉及的气象资料进行统一的收集、管理、共享和备份,全面提升资料分享效率。该系统通过 Web 服务和数据库,提供了统一的气象资料共享平台,提高了气象科学研究的研究效率和资料查找能力,将气象资料处理人员从繁琐、无序、低端的工作中解放出来处理更有价值、更重要的事务,整体提高了研究效率和对信息的可控性。

图 1.1 是项目整体结构图,气象综合资料管理服务系统从结构上可以分为三个层次:

文件层:又可称作物理层,是气象综合资料文件实际进行存储的区域。通过入库扫描程序将资料文件分类储存到指定的位置,同时取得资料特征值存入数据库。

数据层:主体是关系数据库,是整个系统的核心。数据库中存储了所有资料文件的目录结构、路径、文件时间、文件大小等特征参数列表。

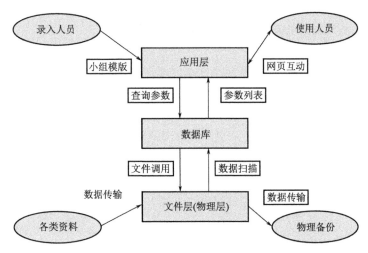

图 1.1　项目整体结构图

应用层:通过互联(Internet)网络连接服务器,使用浏览器访问资料数据库,完成资料的共享。通过不同用户的权限和课题研究模板的设置,可以提供给研究人员不同的显示内容和下载功能。

气象综合资料管理服务系统从功能上可以分为两大部分:气象综合资料入库扫描程序和气象综合资料智能化管理系统。

(1)气象综合资料入库扫描程序包括:资料扫描入库模块,参数设置模块,资料备份模块几大功能模块。

1)资料扫描入库模块

入库是对资料文件进行统一的收集和整理,通过气象综合资料入库扫描程序把各类资料文件按照设置好的路径存放在指定目录下,同时将文件特征参数存入数据库内的表单中,形成特征参数列表。

由于课题研究资料来源复杂,而且大部分资料并不能通过网络实时得到,所以资料文件的入库采用大容量移动硬盘拷贝和一键扫描程序结合的方式。采用这种方式入库扫描程序无须时刻运行,只在需要时进行工作,可以缓解服务器的压力。入库时根据程序的参数设置,通过一键式按钮进行资料文件的全自动扫描、筛选、移动和入库操作。

2)参数设置模块

通过对气象资料进行分析,构造对应的正则表达式,通过不同的参数设置,实现同一个模块对多种资料的特征参数提取和入库。

3)资料备份模块

通过定期对数据库资料进行备份,可维持数据库稳定运行,避免数据丢失,影响系统运行。

(2)气象综合资料智能化管理系统,包括:浏览下载模块、资料编辑模块、模板管理模块、智能搜索模块、系统管理模块几大功能模块。

1)浏览下载模块

系统支持多种文件格式的在线浏览,还可以进行放大、缩小和动画等操作。系统支持一次性将多个资料加入到下载车里进行批量下载。

2）资料编辑模块

用于对个例模板所含气象资料的内容和组织方式进行编辑修改。

3）模板管理模块

包括对个例模板的管理和对模板内成员的授权管理。

4）智能搜索模块

帮助用户从庞大的资料库中,使用搜索的方法快速获取有用的信息。

5）系统管理模块

包括用户信息管理、操作日志、参数设置和资料备份等功能。

系统实现了气象综合资料的集中共享和对参与研究人员的管理。系统构建在关系型数据库基础上,基于.net平台,采用C#语言,主要采用B/S模式的多层应用结构,以模型组建方式开发、以Web方式部署。系统运行于人影中心服务器,客户端电脑只需通过浏览器运行系统,无须安装其他任何软件。浏览器版支持:IE8.0,IE9.0,Chrome15.0及以上版本,Fire Fox 4.0及以上版本。

（1）气象专项课题研究模板

系统支持建立不同的气象专项课题研究模板,通过模板将研究中涉及的资料按所录入的条件展现出来。系统通过浏览器即可访问,无须安装和部署。气象资料以直观的图片或者表格等形式展现,方便进行浏览和检索。同一课题或者方向的科研人员可以通过这一模板进行所关注气象资料的共享和交流,提高工作效率。通过编辑模板内的参与人员名单,还可以控制人员对课题气象资料的操作。系统提供人性化的管理界面,资料查看显示智能化、安全化,所需操作简单化。

（2）自动化分类扫描移动资料文件

通过入库扫描程序的运用,实现资料的自动扫描筛选移动。扫描入库的同时,还可以根据文件时间、文件大小、文件类型等参数对资料文件进行初步的筛查和质量控制。只需预先设定程序设置资料类别筛选参数条件以及扫描路径和移动路径,扫描筛选移动的工作就由程序完成,不需过多的人工操作。参数设置完成后,只需点击扫描即可,实现一键式气象资料备份。

（3）统一的气象资料数据库管理

通过入库扫描分类,对所有资料文件录入数据库进行管理,通过数据库表单收集资料特征值信息。用户通过浏览器对数据库进行访问,通过给定的资料特征值检索参数,查找数据库,得到实际文件物理存放位置,并进行访问。气象资料数据文件在服务器上只有唯一的一份物理文件,系统用户不能直接对资料文件进行操作,避免了资料文件的混乱,保障了资料的安全性。通过数据库的特征值索引,可以实现气象资料的多种组合浏览方式,可以很方便地达到共享资料的目地。

（4）完善的权限控制和系统后台管理

系统通过对权限的控制来分配每个人对各个课题以及课题内资料的操作内容。研究模版的创建者通过编辑模板内的参与人员名单,还可以控制人员对课题内气象资料的操作性。如:只有查看的权限不能进行编辑和下载操作。每个用户均有详细的操作日志记录,包括资料的查看,编辑,上传,下载等操作,保障资料的安全管理。系统还支持研究模版建立相关的附件库,课题研究相关文档可通过手动上传到附件库里,方便同一组研究人员进行交流。系统还提供批量文件下载功能,资料文件可打包后下载,节约时间和网络资源。

第 2 章　江淮对流云宏观结构特征分析

2.1　基于卫星的对流云宏观结构特征

2.1.1　对流云识别与分类方法

综合利用多个红外亮温阈值和云团外形因子,设计逐步判别对流云的方法,用以区分不同类型的对流云。该方法在兼顾红外云顶亮温和云团外形的同时,尽可能细致地将对流云进行识别与分类。

利用 2010 年夏季 30 min 间隔的 FY-2E 卫星局地投影资料(等经纬距局地投影,空间分辨率为 0.05°×0.05°,空间范围为:80°—130°E,5°—50°N),根据地理位置将对研究区域进行划分分为七个区域(图 2.1),分别为:20°N 以南的热带区域(1 区),110°E 以西的中纬度(20°—40°N)地区(2 区),华东和华南区(3 区),120°E 以东的海面(4 区),110°E 以西、40°N 以北的西北区(5 区),华北区(6 区)以及东北区(7 区)。分区域进行亮温阈值的分析。

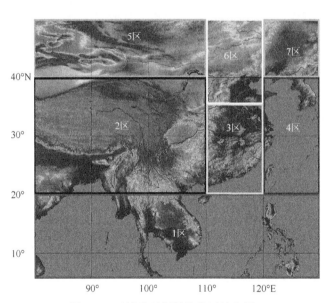

图 2.1　区域地理概况及分区示意图

考虑到 0℃是冰-水转化的临界点,而−52℃(221 K)则能够识别出深对流。因此,在 0℃(273 K)到−52℃(221 K)范围内以 1℃为间隔,统计不同阈值下所识别出来的云团个数,通过统计分析来选择合适的亮温值作为方法中的阈值。此外,由于不同区域的范围大小有差异,所识别出来的云团个数也存在不同。因此,为便于在同一幅图上对不同区域的结果进行分析,对不同区内统计得到的云团个数进行归一化,用 0~1 的数值来表示不同亮温阈值得到云团数目。归一化云团数目($NNum$)的计算方法如下：

$$NNum = \frac{Num - Num_{\min}}{Num_{\max} - Num_{\min}}$$

其中，Num 表示不同亮温阈值得到云团数目，$Num_{\max}$ 和 $Num_{\min}$ 分别表示各区内不同亮温阈值划分云团时得到的最小值云团数和最大值云团数。

　　图 2.2(彩)是不同亮温阈值的识别统计结果。对于整个研究区域来说阈值为−13℃(260 K)左右时，识别出的云团数目最多。在亮温阈值低于 260 K 时，随着阈值亮温的升高，所识别出的云团数目逐渐增多；而当亮温阈值超过 260 K 以后，识别出的云团数目则随阈值的升高而减少。在七个分区域中，除 5 区和 6 区外，其余五个区域中不同亮温所识别出云团数目的变化规律与整个区域相同，只是云团数目最多所对应的亮温阈值有所差异，数值在 257～270 K 之间变动。在 5 区和 6 区，所识别出的云团数目随着阈值亮温的升高而逐渐增多。

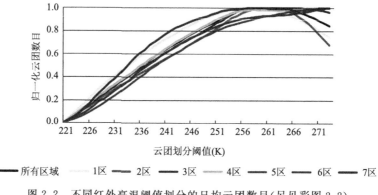

图 2.2　不同红外亮温阈值划分的日均云团数目(另见彩图 2.2)

　　其次，以云团尺度为标准分别统计不同红外亮温阈值识别出来的云团，不同尺度云团平均个数以及所占比重。云团尺度划分依据为：α 大尺度：＞10000 km；β 大尺度：2000～10000 km；α 中尺度：200～2000 km；β 中尺度：20～200 km；γ 中尺度：2～20 km。这里所提及的云团尺度是指云团的最大纬向或者径向跨度。从结果(图 2.3(彩))来看：

　　(1)对整个研究区域来说，阈值为 265 K 左右时，划分出的大尺度云团个数以及在所有云团中所占比重(百分比)均最大。在 2 区、5 区和 7 区这个亮温阈值上升到了 271 K 以上，其他区域的阈值在 260～265 K 之间。

　　(2)以 260 K 为阈值来进行云团划分，虽然能够得到的云团个数最多，但是此时大尺度云团平均个数和百分比也处在峰值附近。随着阈值的降低，大尺度云团会被逐渐分割为尺度更小的中尺度云团。因此，为减少在云团识别结果中出现大尺度云团的可能性，需要降低亮温阈值。当亮温阈值达到 241 K 时，各区域中大尺度云团的个数和百分比降低明显；阈值达到 221 K 时，将不会再识别出大尺度云团。

　　(3)在对整个研究区域的统计结果中，α 中尺度云团百分比最大出现在 224 K 附近，个数最多出现在 250 K 附近。亮温阈值低于 250 K 以后，一些尺度较大的云团因被分割成多个小云块，或者因为面积缩小而达不到 α 中尺度的要求，从而导致 α 中尺度云团个数的减少。但是，当阈值介于 224～250 K 之间时，α 中尺度云团的百分比却随亮温阈值的降低而升高，也就意味着识别出云团总数的减少要比 α 中尺度云团迅速。对于七个分区来说，1 区中个数最多对应的亮温值最低为 241 K,7 区中个数最多对应的亮温值最高为 258 K。百分比最大对应的亮温阈值出现了较大的差异,1～7 区的亮温阈值分别为 224 K、229 K、221 K、223 K、249 K、221 K 和 248 K。

(4)β 中尺度云团的百分比随亮温的升高而减小,个数分布特征与 α 中尺度相似。整个区域中识别出来的云团个数在 260 K 附近达到最大。1～7 区个数的峰值出现的位置有所不同,分别为 257 K、261 K、259 K、270 K、273 K、273 K 和 259 K。

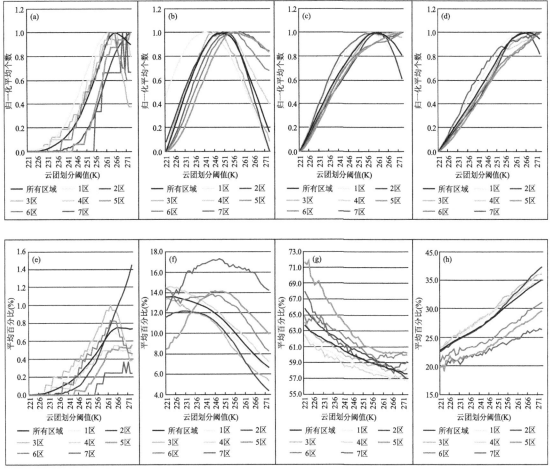

图 2.3　(a)大尺度;(b)α 中尺度;(c)β 中尺度;(d)γ 中尺度云团日均个数(另见彩图 2.3)
以及(e)大尺度;(f)α 中尺度;(g)β 中尺度;(h)γ 中尺度百分比

(5)对于整个研究区域来说,γ 中尺度云团的平均个数在 267 K 附近达到最大,七个分区域的平均个数峰值对应的亮温也在 267 K 附近。γ 中尺度云团的百分比则随阈值的升高而增大。也就是说亮温阈值越高,识别出的 γ 中尺度云团比重就越大。

从以上统计可以看出,采用 221 K 作为阈值时,能够避免识别出大尺度的天气系统,而仅保留中小尺度的云团信息。同时,221 K 阈值能够很好地识别出强对流中心,因此选用 221 K来进行第一级对流中心的识别。由于 241 K 的 TBB 包括了大气中比较弱的对流活动,为识别出弱对流,选用 241 K 为第二级判别阈值,用以识别出区域内存在的弱对流。从统计结果来看,对于整个研究区域来说,以 260 K 为阈值能够识别出最多的云团,而夏季存在着许多云顶亮温较高的初生对流系统,甚至有暖性对流的存在。因此为尽可能多地识别出云团,选用 260 K 为第三级阈值。从分区域的统计结果中还可以看出,不同地区第三级阈值的大小也存在一定的差异,1～7 区的阈值分别为 257 K、261 K、265 K、272 K、273 K、273 K 和 259 K。

由于缺少第一级阈值无法识别出强对流中心,而缺少第二级阈值则不能有效地识别弱对流,第三级阈值的缺少,则无法识别出初生对流和暖性对流,因此,这三个阈值的组合,可以识别出更多的对流系统,并对系统的属性进行划分。

识别对流云团的流程如下:

第一步识别,用 −52℃(221 K)为阈值,识别出强对流中心。

第二步识别,用 −32℃(241 K)为阈值进行对流云识别,并以 2 个像素点(50 km²)为面积阈值剔除异常的点(面积小于被视为异常点)。以云团尺度为标准,把识别出的云团划分为若干个尺度。在识别出云团尺度后,删除符合大尺度标准的云系,并在 α 中尺度、β 中尺度云团中搜索是否存在强对流中心。若存在则认为该云团属于对流系统,一旦 α 中尺度、β 中尺度云团中不存在第一步识别出来的强对流中心,则认为该云团为厚层云而非对流系统,并将之剔除。

第三步识别,用亮温更高的阈值 −13℃(260 K)(对整个区域来说,260 K 为阈值能够识别出最多的云团)来进行识别,并采用第二步中相同的方法来进行剔除。

第四步识别,利用能够描述云团外形的因子——偏心率(e),以 0.2 为标准,对识别出的云团进行判别,以消除线状云。偏心率有多种计算公式,其中,简单的方法是用边界直径与相垂直短轴长度的比来作为偏心率,不过这种方法受物体形状和噪声的影响比较大。比较好的方法是利用整个云团的所有像素来进行偏心率计算,下面是一个由惯量推出的偏心率公式:

$$e=\frac{\sqrt{2\times\left(A+B+\dfrac{1}{\sqrt{(A-B)^{2}2+4H^{2}}}\right)}}{\sqrt{2\times\left(A+B+\dfrac{1}{\sqrt{(A-B)^{2}2+4H^{2}}}\right)}}$$

式中,$A=\sum_i y_i^2$,$B=\sum_i x_i^2$,$H=\sum_i x_i y_i$。

第五步识别,采用跟踪云团中心的方法(计算每块云的中心),并在一定范围内搜索前后时次云图上可能存在的云块中心,根据相关程度确定前后时次中的同一云团。在进行对流云跟踪的基础上,计算云顶亮温在相邻时次的变化情况。并以半小时亮温降低超过 4℃作为对流云的识别标准,来剔除那些因为尺度较小或部分被高云覆盖,而被误判为对流云的中低云。

最后,根据云顶最低亮温、云团尺度以及形状,对识别出的云团进行分类,共计分为 18 种云类型,具体方法如下:

1)形状分为扁形(偏心率 0.2～0.7)和圆形(偏心率>0.7);

2)根据面积的大小分为:α 中尺度(200～2000 km)、β 中尺度(20～200 km)和 γ 中尺度(2～20 km);

3)依据云顶最低红外亮温高低分为:弱对流(最低亮温高于 −32℃)、对流(最低亮温介于 −32～−52℃之间)和深对流(最低亮温低于 −52℃)。

在计算过程中,以数值来表示识别对流云的类型,规则如下:形状类为百位(扁形:0;圆形:

1),面积类为十位(α 中尺度:8;β 中尺度:6;γ 中尺度:2),最低亮温类为个位(弱对流:5;对流:7;深对流:9)。

对多阈值方法以及分别以 221 K、241 K 和 260 K 为阈值的单阈值方法,进行对流云识别的结果进行统计,分别统计不同尺度和不同形状的对流云所占比重。不论是单阈值还是多阈值,识别出来的对流云,均以 β 中尺度的对流云为主。多阈值方法识别出的 β 中尺度对流云的比重为 57%,与 241 K 为阈值的方法识别出的 β 中尺度对流云比重相当。然而在对 γ 中尺度对流云的识别能力上,多阈值却比三种单阈值方法好,识别出来的 γ 中尺度对流云比重占到了 34%,比 221 K 为阈值识别出来的 γ 中尺度对流云比重高了 6%。在升高 γ 中尺度对流云比重的同时,α 中尺度对流云的比重也有所降低。多阈值方法识别出来的 α 中尺度对流云比重要低于任何一种单阈值方法的结果。从识别出来的云团的形状来看,不论何种方法均以扁形的为主,多阈值方法结果中扁形对流云的比重为 78%,介于 221 K 和 241 K 这两个阈值识别结果之间。

利用 2010—2011 年夏季(6—8 月)的高分辨率逐时降水产品,对该方法识别出的对流云所对应的降水情况进行定量化评估。在所统计的 6 个月中,只出现了 14 种类型的对流云,未出现云类型数值为 85、165、185 和 187 的四种对流云,也就是不存在扁形 α 中尺度弱对流、圆形 β 中尺度弱对流、圆形 α 中尺度弱对流以及圆形 α 中尺度对流。

通过对各种类型对流云中不同等级降水(小雨以上量级降水:>0.1 mm/h,中雨以上量级降水:>2.5 mm/h,大雨以上量级降水:>16 mm/h,暴雨以上量级降水:>81 mm/h)发生概率的统计:1)降水发生概率与对流的强弱有较好的对应关系,弱对流的降水概率最小,深对流的降水概率最大;2)扁形对流云的降水概率要小于圆形对流云;3)对流云的尺度越大,出现降水的概率也就越大。总的来说,对于 α 中尺度的对流云来说,出现降水的概率均在 99% 以上,而 β 中尺度和 γ 中尺度对流云中则有一部分并未出现明显降水。此外,在一些弱对流和对流中,也出现了暴雨等级的降水。

2.1.2　江淮地区夏季对流云时空分布特征

利用 2005 年 5 月—2011 年 12 月的 FY-2C 和 FY-2E 卫星资料,对江淮流域及其周边地区(112°—120°E,29°—36°N)的对流云空间分布特征进行分析。

从多年平均黑体亮温(TBB)的空间分布来看,研究区域内主要有四个 TBB 低值区域,分别位于安徽南部的大别山区和皖南山区,河南西部的桐柏山区,以及太行山区,也就是说山区的云系要多于其他区域。

全年平均的对流出现概率空间分布呈“东高-西低”的规律,而深对流出现概率则是呈现出“东南高-西北低”的分布规律。空间分布存在季节差异,主要表现为:

(1)春季,对流出现概率最高的区域位于皖南到浙北一带。淮河以北的区域也是一个对流高发区,尤其是太行山南麓,对流出现概率也较高。对流出现概率最低的区域为长江中游的洞庭湖附近。春季深对流的出现概率总体上呈“南北高-中间低”的分布。汉江以及淮河流域为深对流出现概率最低的区域。

(2)夏季,对流和深对流的空间分布规律相同,均为“东南高-西北低”。

(3)秋季,对流出现概率呈现“北高-南低”的空间分布特征,深对流的出现概率则与之相反,空间分布特征呈“南高-北低”。

　　(4)冬季,不论是对流还是深对流均表现为"北高-南低"的空间分布。

2.1.3　江淮地区夏季对流云分类特征

　　利用 2010—2011 年夏季(6—8 月)FY-2E 卫星资料,进行江淮地区(115°—120°E,29°—35°N)夏季对流云特征分析,以及与青藏高原(95°—101°E,29°—35°N)、长江中游(105°—115°E,29°—35°N)区域对流云特征进行的对比分析。

　　在江淮地区,从外形来看,偏心率小于 0.7 的扁形对流云比重大,占 73.4%;而偏心率大于 0.7 的圆形对流云只占 26.7%。从尺度来看,β 中尺度对流云的比例最高,占 63.4%,其次为 γ 中尺的对流云,占 31.4%;α 中尺度对流云的比例最小,仅占 5.3%。从对流云发展程度来看,对流的比例最高,占 56%;深对流的比例次之,为 29.6%;弱对流的比例最低,仅有 14.4%。

　　在江淮地区对流云出现概率的日变化中,对流云最多的时段出现在午后到夜间(12—20 时(北京时))这段时间内。对于不同类型的对流云来说,出现概率日变化规律存在一定的差异。弱对流的出现概率在 14 时达到峰值,对流的峰值出现在 15 时,深对流的峰值出现在 16 时。22 时以后深对流出现概率持续减少,但是对流和弱对流出现了起伏式的变化。

2.1.4　不同地区对流云特征对比分析

　　对江淮地区、青藏高原和长江中游的对流云特征进行对比分析。三个区域中,青藏高原的对流云密度最大,平均每个经度上每个小时出现 0.87 个对流云;江淮流域次之,对流云密度为 0.69 个/(经度·小时);长江中游的密度最小,仅有 0.58 个/(经度·小时)。从不同形状对流云和不同尺度对流云所占比重分布来看,三个区域规律相同,均以扁形对流云和 β 中尺度对流云为主。从出现概率日变化规律来看,三个区域的变化规律相同,均表现出单一峰值的分布特征。所不同的是峰值出现的时间存在差异,江淮地区为 15 时,长江中游地区的峰值时间为15—16 时;青藏高原的峰值时间为 16—17 时。这主要与不同区域之间太阳高度角的不同有关。

　　青藏高原不同发展阶段(弱对流、对流和强对流)对流云出现概率的日变化规律相同,只是出现了时间上的滞后(滞后 2~3 h)。长江中游地区和江淮地区对流云不具有此特征。

　　在江淮地区,弱对流和对流的出现概率均在 09 时以后开始升高,13 时以后升高速度减缓,并分别于 14 时和 15 时达到概率峰值;对于深对流而言,10 时以后出现概率才开始升高,15 时以后升高速度减缓,16 时达到概率峰值;滞后时间约 1 h,要短于青藏高原不同发展阶段对流云之间的滞后时间。23 时以后,深对流的出现概率持续降低,而对流和弱对流的概率变化呈现起伏状,尤其是弱对流,出现了较为明显的出现概率升高、降低交替的变化规律。

　　长江中游地区,不论何种发展阶段,对流云出现概率开始升高的时间点均为 09 时;弱对流于 13—14 时达到峰值,18 时以后出现概率开始出现起伏式的缓慢降低;对流出现概率的峰值出现在 15—16 时,深对流的峰值出现在 17 时。22 时以后,弱对流的出现概率也呈现升高、降低交替的变化规律。

2.2　江淮对流云雷达宏观结构特征

2.2.1　资料与方法

中国气象局于 2008 年开始组织国家气象中心、广东、湖北和安徽等地气象部门联合研制了 SWAN 系统(Severe Weather Automatic Nowcast System,灾害天气短时临近预报系统)。SWAN 系统基于多普勒天气雷达资料,能集合多部雷达数据,反演生成多种基本产品,包括三维拼图雷达产品 CAPPI、组合反射率因子(CR)、回波顶高(ET)、垂直累积液态含水量(VIL)等。这里只采用了三维拼图(CAPPI)的数据。雷达数据有安徽阜阳、蚌埠、合肥以及河南驻马店多普勒雷达,经过软件处理成三维雷达拼图数据。三维拼图数据的风暴识别追踪技术主要在 SCIT(Storm Cell Identification and Tracking)来确定风暴的三维结构。SCIT 算法通过 7 个反射率阈值(30 dBz,35 dBz,40 dBz,45 dBz,50 dBz,55 dBz,60 dBz)来识别风暴结构体,风暴内只保存最大阈值的反射率信息。为了得到风暴体外围对流云雷达回波特征,计算了风暴体外围 30 dBz,以及 18.5 dBz 雷达回波范围及特征,此外,还计算了对流云的雨强和冷层厚度。计算雨强使用的原始数据是由安徽省气象信息中心提供的自动站连续分钟(min)雨量资料,使用 T-log$p$ 资料计算 0℃ 高度即可得到冷层厚度。虽然雷达覆盖范围比较大,但由于雨量站只覆盖安徽省,最后研究的区域也在安徽省内。

资料主要有多普勒雷达资料,区域站分钟降水资料、探空资料。使用了三维拼图(CAPPI)的数据,雷达数据有 2013—2015 年夏季安徽阜阳、蚌埠、合肥以及河南驻马店多普勒雷达,经过软件处理成三维雷达拼图数据。

SWAN 三维拼图为格点数据,横向、纵向格点数均为 700,横向分辨率 0.01 经度,纵向分辨率 0.01 纬度,覆盖范围 113°—120°E,29°—36°N。垂直层数为 21 层,对应的高度分别为 0.5 km、1 km、1.5 km、2 km、2.5 km、3 km、3.5 km、4 km、4.5 km、5 km、5.5 km、6 km、7 km、8 km、9 km、10 km、12 km、14 km、15.5 km、17 km、19 km。

SWAN 拼图产品中风暴识别、追踪过程和多普勒雷达的风暴识别、追踪过程类似,均采用 SCIT 算法,包括风暴单体段识别、风暴二维分量组合、三维风暴体确定及风暴体追踪。但在这里,在 SWAN 拼图的识别追踪过程之前,计算了更多的雷达参数:各像素点的回波顶高、回波底高、最大反射率因子、最大反射率层高度、垂直反射率梯度、水平反射率梯度、30 dBz 回波顶高、30 dBz 回波底高,区分了对流云和层状云,这可以更好地将对流云的雷达回波特征表现出来。

雨量站资料为安徽省内分布的一千多个自动雨量站分钟降水,SWAN 三维拼图雷达资料时间间隔为 6 min。为了与拼图资料时间一致,需要将分钟雨量资料统计为拼图资料体扫开始时间至结束时间对应的 6 min 累计降水量。原始降水数据格式为各站点的分钟资料,结合站点经纬度信息,转化为一个 6 min 的站点、经纬度、雨量的信息库。在求取对流云降水时,主要计算 30 dBz 回波覆盖下的降水,计算过程集成在风暴的识别过程中,将在风暴的识别过程中介绍。使用探空资料计算 0℃ 层高度即可得到冷层厚度。虽然雷达覆盖范围比较大,但由于雨量站只覆盖安徽省,最后研究的区域也在安徽省内。

　　SCIT 包括风暴单体段、二维风暴分量、风暴体合成和风暴追踪过程。各雷达参量的计算在风暴识别追踪过程中进行了详细叙述。

　　(1)风暴单体段(SEGMENT)识别过程

　　在极坐标的雷达数据中,SCIT 算法采用七个反射率阈值识别每个径向上的风暴段,同样算法沿着 SWAN 三维拼图数据的一层上每个横向反射率库进行搜索,寻找反射率大于阈值的库(允许其中一定数量小于阈值的点),如果这些库数目大于一定阈值,则一个风暴段搜索完成,继续扫描下一根风暴段。最后得到八个反射率阈值的风暴单体段结果,并进行保存。风暴单体段识别中,计算的风暴段的信息为:所在纬度,开始、结束经度,最大反射率因子,最大回波顶高、最小回波底高、30 dBz 回波顶、30 dBz 回波底、质量、冷层厚度、雨强信息及其对流云概率信息。

　　面积:SWAN 拼图数据格点大小为 0.01 经度×0.01 纬度,其面积随着纬度的变化有所变化,33°N 的格点面积大小约为 1.03 km²,所以计算段的面积时,将每个格点的面积近似为 1 km²,所以段的长度即为面积。

　　质量:二维风暴和三维风暴体的中心位置坐标通过质量加权平均计算,所以将每个格点的面积看作 1 km²,方便计算,且误差几乎很小。根据 SCIT 算法:风暴段质量的计算方式为:

$$MWL = \sum_k \left[53000 \left(\frac{10^{\frac{A_e}{10}}}{486} \right)^{\frac{1}{1.37}} R_k \right] \tag{2.1}$$

式中,MWL 为风暴段质量;A_e 为平均雷达反射率;R_k 为雨强。

　　雨强:在风暴单体段识别过程中,识别了风暴段所在区域的降水信息。过程为沿着风暴段上的每一个库,搜索改点附近的降水,由于 SWAN 的 CAPPI 资料的格点精度为 0.01°(经度)×0.01°(纬度),所以搜索库所在的边长为 0.01°方形区域,如果有降水落在该区域($R >$ 0 mm/h),则将降水的站号、经纬度、雨量存储到风暴段属性中。最后可以得到所有风暴段内的降水站点数目、站点的站号、雨强信息。

　　对流性:前面计算了拼图每个库的对流云概率 P_{ij},识别风暴单体段过程时,统计每个风暴段上 $P_{ij} \geqslant 0.5$ 和 $P_{ij} < 0.5$ 的库数,来判断其对流性。

　　(2)二维风暴分量(COMPONENT)的组成

　　所有的风暴单体段识别出来之后,对于同一层上相邻纬度的两个风暴段进行匹配,如果它们的重叠距离大于一定阈值,则归于同一个二维分量序号内,匹配时自纬度由高到低和由低到高循环两次。循环两次的优点可以避免某些情况下一个二维分量被识别成两个。最后可求得所有层的二维分量所包含短段的数目和面积,如果段的数目和面积满足一定阈值,则该二维分量会被保存,否则剔除。

　　二维分量的质量和面积是所包含的风暴段的质量、面积的累加。在计算二维分量的面积后,由于之前将每个格点的面积看作 1 km²,需要进行订正,其实际面积计算公式为:

$$Area = \cos(LAT) \frac{\pi}{180} \times 110.94^2 \times 0.01^2 \tag{2.2}$$

式中,LAT 为二维分量中心纬度值,将 $Area$ 的值作为订正系数。

　　二维分量的反射率阈值与风暴段一样,也有八个反射率阈值,对于阈值为 30 dBz 的二维分量,我们计算了其覆盖区域的降水站点信息,即将 30 dBz 二维分量的每一个风暴段的降水站点信息传递到二维分量的属性中。

计算二维分量的对流云概率 $P_{ij} \geqslant 0.5$ 和 $P_{ij} < 0.5$ 的库数:将二维分量所包含的一维风暴段的 $P_{ij} \geqslant 0.5$ 和 $P_{ij} < 0.5$ 的库数进行累加。

最后得到的二维分量的属性为:最大回波强度、回波顶高、回波底高、30 dBz 回波顶、30 dBz 回波底、质量、回波中心位置、面积、雨量站点信息以及二维分量覆盖下的对流云概率信息。得到的二维分量按照质量由大到小排列。

(3)风暴单体(STORM)的合成

三维风暴体是由多个二维分量组合而成,得到了所有的二维分量之后,将它们按二维分量的质量加权由大到小排序,从底层高度开始,对相邻层的二维分量进行关联检验。首先判断二维分量质心的水平距离,以第一个二维分量的质心为中心,依次按三个搜索半径(分别为5.0 km、7.5 km、10.0 km),对其余的二维分量进行搜索,如果在搜索半径内,则认为该两个二维分量相关联。一个三维风暴体最少包含两个二维分量。我们识别了八个阈值的二维分量,在识别三维风暴体时,根据 SCIT 算法,使用其中的七个阈值,而阈值为 30 dBz、18.5 dBz 的二维分量先进行储层。

在某些情况下,一个三维风暴单体可能由于垂直方向上某个仰角未被关联而被识别成两个或多个三维风暴单体,这时,要对其进行合并。另外,为了防止三维风暴单体特别拥挤,对水平位置相近、垂直位置相差在一定阈值内的两个三维风暴单体进行删减,剔除 VIL 比较小的三维风暴单体。风暴体识别过程中,还有下列比较重要的算法:

风暴体外围的阈值为 30 dBz、18.5 dBz 的云体:识别风暴过程中,是按照 SCIT 算法的阈值来识别的,而识别之后,寻找风暴体每个二维分量外围对应的阈值为 30 dBz、18.5 dBz 的二维分量,方法为如果风暴体的二维分量的质心落在某个 30 dBz、18.5 dBz 二维分量内,则认为该 30 dBz、18.5 dBz 二维分量为风暴体外围的云体。最后将找到的 30 dBz、18.5 dBz 二维分量储存在风暴体的信息中。

风暴及风暴外围 30 dBz 云体质量、体积:计算风暴及风暴外围 30 dBz 云体质量和体积的方法与单体 VIL 类似,即垂直高度上二维分量的质量/体积离散求和。在求得质量计算风暴中心坐标后,也使用公式(2.2)的订正系数进行订正,其中的 LAT 为风暴中心的纬度。

雨强:计算的是风暴外围 30 dBz 云体覆盖下的雨量站的降水。求得外围的 30 dBz 二维分量后,得到其覆盖下的所有站点和降水量,剔除重复的站点,最后即可得到风暴外围 30 dBz 云体覆盖下的雨量站的降水,可计算其平均值和极大值。

风暴外围云体水平垂直尺度比(HV_{ratio}):计算了风暴外围 30 dBz、18.5 dBz 云体的水平垂直比。

$$HV_{ratio} = \frac{\sqrt{Area_{Max}}}{ET_{Max} - EB_{Min}} \tag{2.3}$$

以 30 dBz 云体计算为例,假设水平尺度为 30 dBz 云体水平面积的二次方根,以最大的30 dBz 二维分量的面积作为 30 dBz 云体的水平面积;计算 30 dBz 云体覆盖下的最大 30 dBz回波顶高和最小 30 dBz 回波底高,垂直尺度为这两项的插值,最后可求得 30 dBz 云体的水平垂直尺度比。

风暴的对流性:主要看风暴外围 30 dBz 云体覆盖范围的对流性。如果最大面积的 30 dBz二维分量的对流云概率 $P_{ij} \geqslant 0.5$ 的库数占总库数的比例达到 50%,则认为该云体为对流云体,否则为层状云体。这种方法可以剔除大部分的层状云。

冷层厚度:先由风暴的二维分量计算风暴覆盖下的最大回波顶高,与零度层高度的差即为冷层厚度。

风暴的垂直高度阈值判断:对于 SCIT 算法来说,至少具有两个以上仰角的数据才会形成风暴单体。但是,由于 SWAN 冰雹算法是基于 CAPPI 的数据来进行计算,而 CAPPI 的数据是由单站或多站的雷达基数据插值而来。当回波距离雷达站较远时,单个仰角的数据很容易被插值到多层 CAPPI 中,从而造成误判。因此,风暴的高度必须跨越原始雷达体扫中的两层高度。

（4）风暴单体的追踪

风暴体的追踪算法可以观测风暴体的运动轨迹,将当前时次的风暴与上一个体扫时次的风暴进行匹配检验,根据风暴中心的所有历史运动轨迹,包括移动速度、移动方向,预报风暴的移动位置,风暴体位置的预报方法是线性外推的方法。

通过对之前风暴的探测,可以生成一个相关表（correlation table）,风暴单体追踪算法是通过该时刻的风暴信息与相关表比较和匹配,来追踪风暴的运动信息。先将当前时次的所有风暴体按照强度（如单体 VIL）由大到小排序,风暴中心位置依次与先前所有风暴的预报位置比较,先前风暴的预报位置也是先前计算得来的。匹配条件为两位置差小于一定的阈值,并且是最近的。匹配成功的风暴加入原风暴序列,赋予先前风暴的 ID。余下的按强度大小排列的风暴依次与未匹配的先前风暴比较,这是一个迭代过程,直到所有的当前风暴都匹配结束。如果直到最后当前的风暴均未被匹配,则认为该风暴为新生的,并赋予新的 ID。如果两次体扫的时间相隔太久,则不进行匹配,认为当前所有的风暴都是新的风暴。

风暴追踪可以得到风暴追踪的序列,主要信息有:风暴持续时间;风暴追踪过程中的极大值和平均值（包括单体 VIL,最大回波强度、回波顶高、30 dBz 顶、体积、质量、冷层厚度）;最大雨强、平均雨强的追踪平均和极大值。

统计对流云的特征时,只统计风暴外围 30 dBz 云体的特征,一个 30 dBz 云体范围内,如果有 30 dBz 二维风暴被多个原始风暴体匹配到,只保留外围 30 dBz 云体质量较大的那个风暴体。方法:判断不同风暴体的 30 dBz 二维风暴是否有重合,如果重合,剔除外围 30 dBz 云体质量较小对应的风暴。

（5）区分层状云和对流云降水

对流云和层状云的雷达回波和降水特性有所不同。为了能够识别层状云和对流云,使用模糊逻辑法区分区域中的层状云和对流云。使用雷达回波中最大反射率因子、回波顶高、垂直反射率梯度和水平反射率梯度 4 个识别参数,建立梯形隶属函数对识别参数进行模糊化,对得到的数据加权求和,选择一个合适的阈值来区分层状云和对流云降水。

1）识别参数

最大反射率因子 Z_{max}:每个库上对所有垂直高度层的反射率进行比较,选择最大的反射率值,即组合反射率。

回波顶高 ET:每个库上回波强度大于 18.5 dBz 的最大高度。

垂直反射率梯度 $GradVZ_{ij}$ 反射率因子（最大反射率因子和回波顶处的反射率因子）随高度的垂直变化。其求出的结果为负值,计算公式为:

$$GradVZ_{ij} = (Z_{MAX_{ij}} - Z_{ET_{ij}})/(h_1 - h_2) \qquad (2.4)$$

组合反射率水平梯度 $GradHZ_{ij}$：组合反射率因子的水平变化特征，计算公式为：

$$GradHZ_{ij} = \sqrt{\left(\frac{Z_{i+n,j} - Z_{i-n,j}}{2n}\right) + \left(\frac{Z_{i,j+n} - Z_{i,j-n}}{2n}\right)^2} \tag{2.5}$$

n 取 2 时，层状云和对流云的 $GradHZ_{ij}$ 区别比较明显，一般强对流的边缘该值比较大。

2)识别方法

采用模糊逻辑法来实现层状云和对流云的识别，用一个梯形函数的隶属函数系对这四个参数进行模糊化，函数的表达式如下：

$$T(x, x_1, x_2) = \begin{cases} 0 & x \leqslant x_1 \\ \dfrac{x - x_1}{x_2 - x_1} & x_1 < x \leqslant x_2 \\ 1 & x > x_2 \end{cases} \tag{2.6}$$

其中，x 为识别参数，x_1、x_2 为参数门限值。对于 Z_{max}，$x_1 = 20$，$x_2 = 40$，对于 ET，$x_1 = 4$，$x_2 = 7$，对于 $GradHZ$，$x_1 = 1$，$x_2 = 6$，对于 $GradVZ$，由于求得的结果为负值，先取绝对值，$x_1 = 2$，$x_2 = 4$。最后求得一个总的条件概率：

$$P = \sum_{i=1}^{n} w_i P_i \tag{2.7}$$

P_i 为参数对判定为对流云的贡献率，w_i 为各参数的权重，所有参数的权重和为 1。这里所有的参数的权重都取 0.25。计算结果得到一个对流云条件概率，在这里我们取 $P \geqslant 0.5$ 时为对流云，否则为层状云。

2.2.2　江淮对流云宏观结构特征分析

对 2013—2015 年夏季降水天气过程（表 2.1）的雷达拼图、雨量资料进行反演，追踪到风暴单体过程 35386 个。

表 2.1　降水过程列表

年份	日期
2013 年	6 月 25 日—6 月 27 日
	7 月 5 日
	7 月 21 日—7 月 23 日
	8 月 24 日—8 月 25 日
2014 年	6 月 17 日
	6 月 20 日—6 月 21 日
	6 月 24 日—6 月 27 日
	7 月 1 日—7 月 2 日
	7 月 4 日—7 月 5 日
	7 月 11 日—7 月 13 日
	7 月 15 日—7 月 18 日
	7 月 24 日—7 月 25 日
	7 月 30 日—8 月 2 日

续表

年份	日期
2015 年	7 月 25—7 月 26 日
	8 月 8 日—8 月 12 日

(1)不同生命史的对流云风暴雷达回波特征

生命史在 2 个体扫内的风暴往往是追踪不完整,或者没有发展起来的风暴过程,在统计雷达回波特征时,这样的风暴不具有代表性,故而,我们将 13 min 以上的对流云风暴定义为有效样本。识别到有效对流风暴单体过程 6312 个(表 2.2)。

表 2.2　不同生命史样本分布表

生命期	总样本	占比(%)	降水样本	降水占比(%)
≤30 min	3979	63.04	1978	49.71
30~60 min	1469	23.27	839	57.11
1~2 h	636	10.08	366	57.55
2~3 h	125	1.98	88	70.4
>3 h	103	1.63	84	81.55
总数	6312	100	3355	53.15

从表 2.2 中可以看出,生命史较短的对流风暴比较多。30 min 内的对流风暴占总样本数的 63.04%,生命史越长,其样本数越少。30~60 min 的对流风暴占总样本数的 23.27%,1~2 h 的对流风暴占总样本数的 10.08%,生命史在 2~3 h 和 3 h 以上的对流风暴占总样本数的比例相对较低,分别为 1.98%,1.63%。总的降水比例为 53.13%,30 min 内的对流风暴降水比例为 49.71%,30~60 min 的对流风暴降水比例为 57.11%,1~2 h 的对流风暴降水比例为 57.55%,2~3 h 的对流风暴降水比例为 70.4%,3 h 以上的对流风暴降水比例为 81.55%。可见对流风暴的持续时间越长,降水的可能性越大。

1)对流云分生命史的面积、体积、质量特征

对流云 30 dBz 面积的总平均值为 408.07 km^2,≤30 min、30~60 min、1~2 h、2~3 h、>3 h 的对流云 30 dBz 面积的平均值分别为 375.69 km^2、460.18 km^2、593.27 km^2、1045.82 km^2、4816.63 km^2。

对流云 30 dBz 体积的总平均值为 969.89 km^3,≤30 min、30~60 min、1~2 h、2~3 h、>3 h 的对流云 30 dBz 体积的平均值分别为 875.45 km^3、1221.14 km^3、1668.6 km^3、3003.91 km^3、12223.3 km^3。

对流云 30 dBz 质量的总平均值为 489.25×10^6 kg,≤30 min、30~60 min、1~2 h、2~3 h、>3 h 的对流云 30 dBz 体积的平均值分别为 208.42×10^6 kg、319.32×10^6 kg、450.06×10^6 kg、927.8×10^6 kg、3949.47×10^6 kg。

对流云生命史越长,云的面积、体积和质量都越大,面积、体积和质量的分布偏向于大的区间,生命史 3 h 以内的对流云,面积、体积和质量随生命史的增长而增长得较为缓和,而超过 3 h 以后,对流云的面积、体积和质量均值较大,3 h 以上的对流云一般出现在持续性降水天气情况下,这种天气产生的云范围较大(表 2.3)。

表 2.3　对流云结构特征参量不同生命史统计表

平均值	总平均值	≤30 min	0.5~1 h	1~2 h	2~3 h	>3 h
30 dBz 面积极大值(km²)	486.25	525.13	767.05	1097.98	2236.92	13393.3
30 dBz 面积平均值(km²)	408.07	375.69	460.18	593.27	1045.82	4816.63
30 dBz 体积极大值(km³)	1174.38	1271.71	2054.69	3141.07	6168.67	32947.8
30 dBz 体积平均值(km³)	969.89	875.45	1221.14	1668.6	3003.91	12223.3
30 dBz 水平垂直轴比极大值	2.47	2.93	3.27	3.71	4.71	8.09
30 dBz 水平垂直轴比平均值	2.31	2.44	2.49	2.64	3.11	4.86
30 dBz 质量极大值(10⁶ kg)	548.94	308.79	549.74	870.3	1979.2	10615.4
30 dBz 质量平均值(10⁶ kg)	489.25	208.42	319.32	450.06	927.8	3949.47
18.5 dBz 面积极大值(km²)	17537.2	23822.1	21685.8	22898.6	31743.5	160500
18.5 dBz 面积平均值(km²)	15654.3	18507.6	14574.4	12657.2	14509.8	47063.5
18.5 dBz 体积极大值(km³)	30652.2	50660.4	52697.9	57630.5	85605.9	411857
18.5 dBz 体积平均值(km³)	25431.8	35602.1	32135.3	30089	38243.8	119659
18.5 dBz 水平垂直轴比极大值	12.25	15.17	13.71	12.8	13.69	21.29
18.5 dBz 水平垂直轴比平均值	11.55	12.77	10.55	9.01	9.15	12.14
回波顶高极大值(km)	10.69	10.87	11.76	12.94	14.08	15.94
回波顶高平均值(km)	10.48	10.21	10.6	11.22	11.58	12.86
冷层厚度极大值(km)	5.5	5.7	6.57	7.76	8.91	10.76
冷层厚度平均值(km)	5.29	5.07	5.45	6.08	6.45	7.71
对流性概率极大值	0.72	0.76	0.83	0.88	0.93	0.98
对流性概率平均值	0.7	0.68	0.71	0.75	0.77	0.82
平均反射率极大值(dBz)	33.18	32.92	33.91	34.7	35.7	37.54
平均反射率平均值(dBz)	32.97	32.18	32.73	33.16	33.67	34.67

2)对流云分生命史回波高度特征

对流云的回波顶高总平均值为 10.48 km，≤30 min、30~60 min、1~2 h、2~3 h、>3 h 的对流云回波顶高的平均值分别为 10.21 km、10.6 km、11.22 km、11.58 km、12.86 km。对流云的冷层厚度总平均值为 5.29 km，≤30 min、30~60 min、1~2 h、2~3 h、>3 h 的对流云回波顶高的平均值分别为 5.07 km、5.45 km、6.08 km、6.45 km、7.71 km。对流云的回波顶高、冷层厚度均值随生命史的增大而增大，分布随生命史增大向大值区间偏移，1 h 以下的对流云回波顶高主要分布在 8~12 km，1 h 以上的对流云回波顶高主要分布在 10 km 以上，冷层厚度大部分在 4~8 km，极大值可超过 14 km。

3)对流云分生命史的水平垂直轴比特征

对流云的 30 dBz 水平垂直轴比总平均值为 2.31。各生命史的对流云 30 dBz 水平垂直轴比在生命史 2 h 以下分布特征差异不大，≤30 min、30~60 min、1~2 h 的 30 dBz 水平垂直轴比分别为 2.44、2.49、2.64，而当生命史超过 2 h 后，对流云水平垂直轴比均值增大明显，2~

3 h、>3 h 的 30 dBz 水平垂直轴比分别为 3.11、4.86。分布向大值偏移,这主要是由于水平尺度的大大增加引起的。对流云的 18.5 dBz 云水平垂直轴比总平均值为 11.55,≤30 min、30~60 min、1~2 h、2~3 h、>3 h 的对流云 18.5 dBz 云水平垂直轴比平均值分别为 12.77、10.55、9.01、9.15、12.14,呈现先减小后增大的趋势,都比 30 dBz 水平垂直轴比总平均值大。

4)对流云分生命史的对流性概率特征

对流云的对流性概率总平均值为 0.70≤30 min、30~60 min、1~2 h、2~3 h、>3 h 的对流云对流性概率平均值分别为 0.68、0.71、0.75、0.77、0.82,对流云对流性概率随生命史的增大总体呈现增大的趋势。

5)对流云分生命史的回波强度特征

对流云的平均反射率总平均值为 32.97 dBz。≤30 min、30~60 min、1~2 h、2~3 h、>3 h 的对流云平均反射率平均值分别为 32.18、32.73、33.16、33.67、34.67 dBz。对流云随着其生命史的延长,平均回波强度逐渐增大。生命史越长的风暴分布在高回波强度的区间,回波强度越大,其对流风暴生命史往往越长。生命史较长的对流云各参数的均值较大,说明生命史越长,对流云发展越旺盛。

(2)不同尺度的对流云雷达回波特征

把对流云追踪过程中外围 18.5 dBz 二维风暴最大面积的最大值的二次方根作为对流云的水平尺度。这里将对流云的尺度分为 γ 中尺度(2~20 km),β 中尺度(20~200 km)和 α 中尺度(200~2000 km)三种。所有时次的剔除 6~12 min 的风暴。γ 中尺度、β 中尺度和 α 中尺度对流云分别占 4.8%,75.8%,19.4%,β 中的对流风暴数量居多。对各尺度的对流云的参数平均值、最大值进行了均值统计,统计结果见表 2.4。

表 2.4　对流云结构特征参量不同尺度统计表

平均值	γ 中尺度(2~20 km)	β 中尺度(20~200 km)	α 中尺度(200~2000 km)
30 dBz 面积极大值(km²)	118	569.66	2303.48
30 dBz 面积平均值(km²)	95.93	377.55	1096.51
30 dBz 体积极大值(km³)	460.3	1571.24	5391.21
30 dBz 体积平均值(km³)	342.82	999.71	2525.47
30 dBz 水平垂直轴比极大值	1.68	3.01	4.36
30 dBz 水平垂直轴比平均值	1.44	2.4	3.28
30 dBz 质量极大值(10⁶ kg)	374.87	450.69	1360.06
30 dBz 质量平均值(10⁶ kg)	246.21	271.2	601.84
18.5 dBz 面积极大值(km²)	270.76	13791.4	78362.8
18.5 dBz 面积平均值(km²)	224.05	10063.2	50420.7
18.5 dBz 体积极大值(km³)	1053.93	32163.1	175793
18.5 dBz 体积平均值(km³)	789.53	21475	100035
18.5 dBz 水平垂直轴比极大值	2.36	11.93	28.43

平均值	γ 中尺度(2～20 km)	β 中尺度(20～200 km)	α 中尺度(200～2000 km)
18.5 dBz 水平垂直轴比平均值	2.03	9.63	22.71
回波顶高极大值(km)	10.48	11.49	11.41
回波顶高平均值(km)	9.67	10.54	10.41
冷层厚度极大值(km)	5.27	6.3	6.31
冷层厚度平均值(km)	4.49	5.39	5.33
对流性概率极大值	0.96	0.79	0.78
对流性概率平均值	0.91	0.69	0.67
平均反射率极大值(dBz)	38.63	33.41	32.39
平均反射率平均值(dBz)	37.05	32.43	31.56

安徽省江淮地区夏季 γ 中尺度、β 中尺度、α 中尺度的对流云雷达回波特征有一定的差异，1 h 以下的对流云在 γ 中尺度中分布最多，3 h 以上的对流云在 α 中尺度中分布最多。

1)对流云分尺度的面积、体积、质量、水平垂直轴比特征

γ 中尺度、β 中尺度、α 中尺度对流云的 30 dBz 云面积平均值分别为 95.93 km²、377.55 km²、1096.51 km²。各尺度的 30 dBz 云体积平均值分别为 342.82 km³、999.71 km³、2525.47 km³。各尺度的 30 dBz 云质量平均值分别为 $246.21×10^6$ kg、$271.2×10^6$ kg、$601.84×10^6$ kg。各尺度的 30 dBz 水平垂直轴比平均值分别为 1.44、2.4、3.28。对流云的面积、体积、质量、水平垂直轴比的均值随尺度增大呈增大趋势，分布也偏向于大值的区间。

2)对流云分尺度的回波高度特征

γ 中尺度、β 中尺度、α 中尺度对流云的回波顶高平均值分别为 9.67 km、10.54 km、10.41 km，冷层厚度平均值分别为 4.49 km、5.39 km、5.33 km。γ 中尺度对流云的回波顶高和冷层厚度均值比 β 中尺度、α 中尺度都小，其分布偏向于小值区间，β 中尺度、α 中尺度的回波顶高和冷层厚度均值比较接近，分布差异不大，大的回波顶高和冷层厚度均值在 γ 中尺度分布中最多。

3)对流云分尺度的对流性和回波强度特征

γ 中尺度、β 中尺度、α 中尺度对流云的对流性概率平均值分别为 0.91、0.69、0.67，对流云的对流性均值随尺度的增大有递减趋势。γ 中尺度、β 中尺度、α 中尺度对流云的平均反射率平均值分别为 37.05 dBz、32.43 dBz、31.56 dBz，γ 中尺度对流云条件下的回波强度较强。对流云产生的雨强、回波强度的分布随尺度的增大偏向于小值区间。

(3)夏季对流云风暴雷达回波特征统计

生命史在 6～12 min 的风暴往往追踪不完整，或者没有发展为风暴过程，在统计雷达回波特征时，这样的风暴不具有代表性。这里选择 13 min 以上(3 个体扫及以上)的风暴进行统计。统计样本为各个时次的风暴单体，按照风暴所在的生命期和天气尺度进行分类统计，生命期分三种：13～30 min，30～60 min，60 min 以上。把风暴追踪过程中 18.5 dBz 二维风暴最大面积的最大值的二次方根作为对流云的水平尺度，一般按照天气系统的尺度分为三类：大尺度系统、中尺度系统、小尺度系统。三类系统又可细分为大 (α、β)，中 (α、β、γ) 和小 (α、β、γ) 八

类。其中,γ 中尺度、β 中尺度和 α 中尺度对流云的样本数分别占 3.0%,80.0%,17.0%。

2.3　安徽地区冰雹云雷达回波特征分析

2.3.1　资料来源与资料处理

主要使用安徽省合肥市新一代多普勒天气雷达探测的 SA 型基数据,对比安徽省各市县观测站给出的降雹时间,根据 SCIT 算法,设计风暴识别、追踪模块,得到冰雹云单体风暴结构产品。产品输出一日内风暴编号、持续时次以及各个风暴每个时次的属性:风暴中心位置、风暴移动方向和移动速度、风暴最低高度、风暴最高高度、基于风暴体的垂直液态含水量、风暴体中雷达反射率最大值和最大反射率所在的高度。这些属性为统计冰雹云雷达回波特征提供了便利(鲁德金等,2015)。

2002—2013 年间安徽省有地面实测资料的降雹过程 142 站次,由于地球曲率的影响,在远距离处,雷达所能探测的最低高度比较高,在 100 km 以外,雷达 0.5°、1.5°、2.5°仰角波束轴线高出雷达所在地平面分别约为 1.6 km、3.1 km、4.7 km,而在 250 km 以外,雷达 0.5°、1.5°、2.5°仰角波束轴线高出雷达所在地平面分别约为 5.7 km、9.9 km、14.2 km。所以设定有效探测距离为 200 km。天气雷达捕捉到的在有效探测距离内的过程有 59 站次,使用的资料是新一代天气雷达的 VPPI 资料。

基于 SCIT 算法,自主设计风暴追踪、识别程序来处理大量的雷达基数据资料。PUP 只输出一个时次的产品,想要得到风暴的追踪产品,只能通过风暴 ID 逐一查找,这么多降雹个例雷达基数据,处理工作量非常大,浪费时间和精力。本算法对输出方式作了一定的改进,不仅可以输出一个时次的产品,而且可以对风暴结构进行追踪,将风暴在发展过程中各个时次的产品数值都输出在一个界面中,且操作简单,运行时间短。

SCIT 算法主要由风暴单体段、风暴单体质心、风暴单体追踪和风暴位置预报四个子步骤组成,前两个步骤是识别风暴的位置并计算风暴体的属性(风暴顶、风暴底、风暴厚度、风暴中心所在的方位、距离、高度、基于单体的 VIL 值、最大反射率和最大反射率所在的高度);后两个步骤是追踪风暴的位置和计算风暴的运动信息包括移动速度和方向,以便于对一个区域的风暴体进行连续追踪分析。

雷达资料为 SA 雷达 PPI 体扫基数据,设计平台为 VC6.0。每次选择一日的雷达基数据进行反演,可以得到该日所有风暴的连续追踪信息,也可以得到每个时次的风暴信息,然后根据冰雹的时次和位置,人工结合雷达图像,找到该次降雹对应的风暴。

2.3.2　降雹时间变化特征

12 年间有观测记录的降雹过程 142 站次,平均每年发生 11.8 站次,发生次数最多的在 2004 年(28 站次)和 2005 年(28 站次)。降雹的年次数与测站密度有一定的关系,并且受人工观测影响较大。

降雹主要集中在 2—8 月,占总数的 97.89%。降雹站次数最多的在 7 月(43 站次,30.28%),其次是 6 月(33 站次,23.24%),4 月降雹也比较多(26 站次,18.31%)。

在安徽地区,3月、4月冷暖空气接触频繁,是出现冰雹比较集中期,而5月0℃层高度相对较高,冰雹在下降过程中易融化,因此冰雹日急剧下降(只有7站次,4.93%)。6月长江中下游地区进入梅雨季节,冷暖空气对峙,易产生强对流天气。梅雨期有时持续到7月,同时西太平洋副热带高压(以下简称副高)平均约在7月中旬后半旬发生季节性北跳,对流天气多发。8月气候相对比较稳定,雷雨天气少于7月,降雹次数比较少。

日际变化上,从2002—2013年间安徽降雹平均日际变化曲线(图2.4)可以看出,降雹站次较多的时间出现在一日的13—19时,占总站次的64.08%,出现站次数最多的在一日的下午15—18时,占总站次的45.07%。下午且靠近傍晚时间出现降雹天气的可能性最大。由于在这段时间,下垫面经太阳辐射增温,具有很好的热力抬升条件,一旦遇到触发机制,就容易发生对流天气,对流发展旺盛就可能产生降雹。

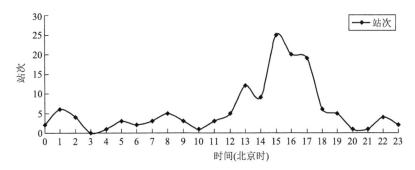

图 2.4　2002—2013年间安徽降雹平均日际变化曲线

2.3.3　冰雹云雷达回波参数特征

冰雹云是强风暴的产物。根据微波散射的理论,冰雹的尺度比较大,其回波强度特别强,根据多普勒雷达多年的实地观测事实,冰雹云最大回波强度,也就是降雹过程中在冰雹云体所观测到的最大基本反射率值(maximu radar base reflectivity,本文中简称为MaxREF)达到了55 dBz以上,比同一地区、同一季节出现的积雨云的回波要强得多。对流发展旺盛的冰雹云回波强度可达到65~70 dBz。表2.5统计了59站次的风暴过程中最大反射率因子的值。可以看出MaxREF都在55 dBz以上,80%以上的风暴MaxREF在60~70 dBz,最小值为55.8 dBz。最大值为73 dBz。图2.5显示了3—8月的冰雹云风暴体MaxREF的分布,4月、5月、6月、7月平均MaxREF分别为63.2 dBz、65.1 dBz、64.5 dBz、63.5 dBz。

表 2.5　冰雹云雷达回波最大反射率因子统计表

最大反射率因子(dBz)	样本数	百分比
55~60	6	10.2
60~65	30	50.8
65~70	20	33.9
70~75	3	5.1

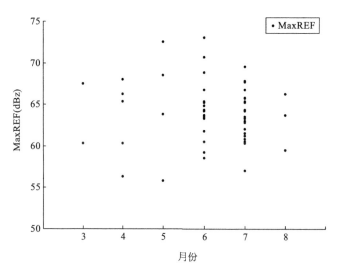

图 2.5　冰雹云风暴体最大反射率因子月分布

冰雹云单体的回波高度受距离的影响比较大,这与雷达的探测能力有关。天气雷达发射电磁波的最低仰角为 0.5°,受地球曲率和大气折射的影响,距离越远,所能探测的最低回波高度越大,每两层之间的间隔距离越大。

冰雹云的回波顶高度即 18 dBz 以上的回波所能达到的最大高度。冰雹云的上升气流特别强,所以它的回波顶高度特别高,反映了风暴发展的强烈程度。冰雹云样本云顶高度统计见图 2.6 灰色点。

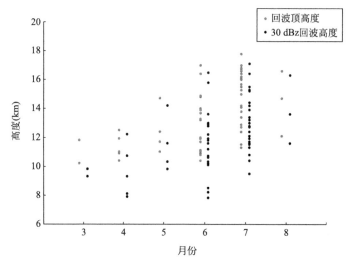

图 2.6　冰雹云风暴体回波顶高度(灰色点)、30 dBz 回波高度(黑色点)的月分布

可以看到,从 3 月到 7 月,回波顶高度随时间推移而有增大的趋势,说明冰雹云强度越来越强。3 月和 8 月的样本数较少,统计特征不明显,但符合总体趋势。4 月、5 月、6 月、7 月冰雹云样本平均回波顶高度分别为 11.3 km、12.5 km、13.1 km、14.7 km,总平均 13.6 km,样本极大值为 2007 年 7 月 25 日观测到的青阳冰雹云回波顶高 17.8 km。

SCIT 算法中规定风暴单体的 30 dBz 回波的最大高度和最小高度分别为风暴顶高和风暴底高,我们这里所探测到的冰雹云风暴底高度大部分是最低仰角探测的高度,只有少部分样本且在冰雹发生之前的体扫中风暴底高度较高,这时候冰雹云对流刚刚形成,回波还不及地。冰雹云样本风暴顶高统计如图 2.6(黑色点)。风暴顶高(30 dBz 回波高度)比回波顶高度低,分布与回波顶高度分布基本一致。4 月、5 月、6 月、7 月冰雹云样本平均风暴顶高度分别为 9.6 km、11.5 km、11.6 km、13.1 km,总平均 12.1 km,风暴顶高极大值为 17.1 km,出现时间也是 2007 年 7 月 25 日。

2.3.4　冰雹云单体 VIL

VIL 在计算中被定义为单位面积上空气柱液态水混合比的垂直积分(单位：kg/m²)(刘治国等,2008),Greene 等(1971)率先提出了基于网格的 VIL(grid-based VIL)作为一种新的预报因子,Winston 等(1986)发现 VIL 对冰雹的预报有较好的指示作用。使用雷达反射率因子数据可以计算基于风暴单体内部的液态含水量(cell-based VIL),这里计算单体 VIL 的方法与 WSR-88D 算法(National Severe Storms Laboratory,1998)一致。由于 VPPI 雷达资料的高度不连续性,采用离散求和的方法计算 VIL,即：

$$VIL_m = \sum_{k=1}^{n} \left[(LW_k) \cdot (DB_k) \right] \tag{2.8}$$

式中,k 为层数,LW_k 为该层单位体积液态水含量,单位 $kg \cdot m^{-3}$。LW_k 与该层二维风暴的最大雷达回波强度(D_m)有关：

$$LW_k = 0.00344 (10^{\frac{D_m}{10}})^{\frac{4}{7}} \tag{2.9}$$

当 D_m 大于 56 dBz 时,按 56 dBz 来计算。DB_k 指波束的垂直深度,单位 km。可见,由于冰雹的雷达反射率因子($10^{\frac{D_m}{10}}$)值比较大,当观测到冰雹时,其单体 VIL 值也会变得很大。

VIL 的大小反映了风暴发展的强弱,从单体 VIL 的计算方法中看出单体 VIL 与最大反射率和垂直高度有关。最大单体 VIL 值为该次降雹过程中雷达探测到的单体 VIL 值的极大值,图 2.7 显示了最大单体 VIL 值的分布统计。可以看出,MaxREF、回波顶高、最大单体 VIL 的分布都比较一致,最大单体 VIL 值最小为 30.8 kg/m²,最大为 93.2 kg/m²,平均为 61.4 kg/m²。单体 VIL 值的大小与降雹直径没有很明确的对应关系,这与 Steven 等(1997)研究的结果一致。2005 年 6 月 14 日 01 时,蚌埠探测单体 VIL 值高达 81.8 kg/m²,冰雹直径只有 6 mm,而 2004 年 7 月 9 日 16—17 时,宣城探测单体 VIL 值为 49.5 kg/m²,冰雹直径为 30 mm。

在 59 个冰雹云样本个例中,我们提取了若干个连续的单体 VIL-时间序列图(图 2.8(彩)),0 时刻是单体 VIL 最大值出现的时刻,时间单位为雷达体扫间隔(约 6 min),单体 VIL 最大值出现的时间和地点与降雹地点和时间基本一致。单体 VIL-时间总体变化特征为先增大至最大值,然后降低,中间有至少一次的跃增过程,与当时的天气形势、地形、不稳定能量等因素有关(刁秀广等,2008)。单体 VIL 多次跃增过程的情况下,地面降雹往往也呈现间歇性。

2.3.5　冰雹云发展过程中的回波特征

冰雹云在生成、发展、消散阶段的特征各有所不同,下面从两个空间上比较独立的降雹事件来分析降雹过程中回波强度、回波高度、VIL 等变化特征。根据安徽省地面观测资料,2009

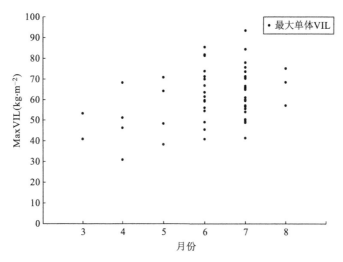

图 2.7　冰雹云风暴体最大单体 VIL 的月分布

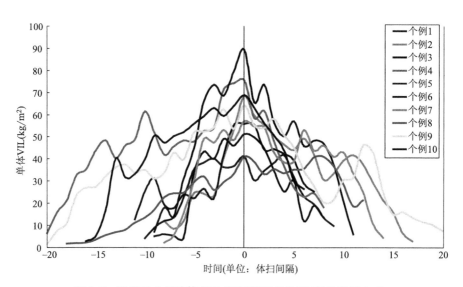

图 2.8　冰雹云个例单体 VIL-时间序列变化图（另见彩图 2.8）

年 6 月 5 日晚在怀远、淮南观测到地面降雹过程，降雹直径分别为 10 mm、8 mm。此次天气过程受高空冷涡影响，同时有降水、大风对流天气现象。

2009 年 6 月 5 日上午 09 时 11 分在淮北南生成第一个对流单体，单体以平均 35 km/h 的速度向东南方向移动，09 时 53 分，该风暴移至蚌埠市，在淮北地区又生成一个对流单体，风暴于 12 时 40 分移至凤阳结束，回波强度达 45～55 dBz。13 时 34 分至 14 时 33 分在马鞍山市境内观测到一次对流过程，回波强度达 55～60 dBz。

15 时 27 分，在阜阳市有对流单体生成，向东南方向移动并迅速发展，到 17 时，回波覆盖整个淮南地区，滁州西、长丰有小块雷达回波，回波中心强度达 55～60 dBz。同时，山东、江苏省内的风暴已移至安徽省东北边界，形成两条风暴带（17 时 10 分）。回波中心强度 55～60 dBz，并有极个别 60 dBz 以上回波。随后，风暴带继续向西南压进，在安徽东北部形成多单体风暴。17 时 30 分左右，怀远地区开始出现面积较大的强风暴，中心回波最强 64 dBz，于 17

时 57 分在怀远地面观测到直径 10 mm 的冰雹。此后,在 18 时 57 分左右,淮南地区地面开始
产生对流风暴,在短时间内迅速增长,生成强对流风暴,于 19 时 08 分在淮南地面观测到直径
8 mm 的冰雹。

使用设计的程序对该日雷达 VPPI 资料进行分析处理,并对结果中若干个连续对流单体
进行筛选,图 2.9 和图 2.10 是得到的怀远、淮南降雹过程的风暴 MaxREF、单体 VIL、风暴底
高度、风暴顶高度和最大反射率因子高度参数的追踪时间序列图。

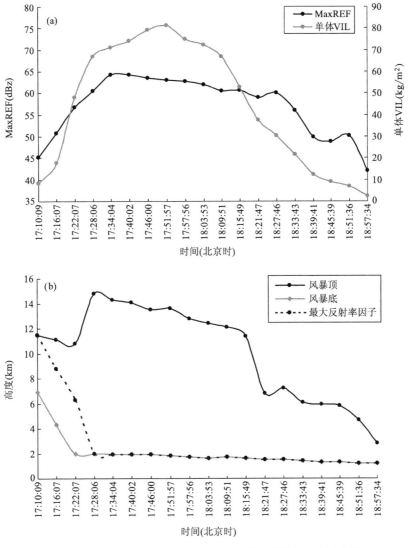

图 2.9　2009 年 6 月 5 日怀远降雹过程的风暴属性序列变化图
(a)怀远冰雹云风暴最大反射率因子、单体 VIL 时间序列变化图;
(b)怀远冰雹云风暴顶高、底高、最大反射率因子高度时间变化序列图

怀远和淮南距离合肥雷达站分别约为 120 km、90 km,观测的效果理想。两次雷达追踪到
的降雹过程持续时间分别为 1 小时 47 分、1 小时 48 分。从图 2.9、图 2.10 可以看到两地降雹过
程中,MaxREF 与单体 VIL 变化曲线都是先增大后减小。MaxREF 的变化区间为 40~65 dBz,单
体 VIL 的变化趋势比较快,存在着短时间内快速增长的阶段,开始的单体 VIL 都比较小,分别

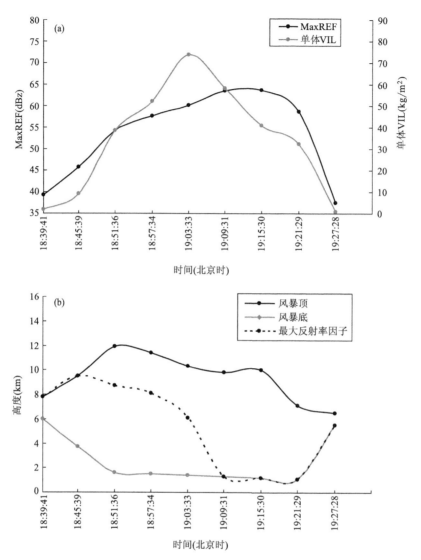

图 2.10　2009 年 6 月 5 日淮南降雹过程的风暴属性序列变化图
(a)淮南冰雹云风暴最大反射率因子、单体 VIL 时间序列变化图;
(b)淮南冰雹云风暴顶高、底高、最大反射率因子高度时间变化序列图

为 8.3 kg/m²、2.19 kg/m²,经过 2~3 个体扫间隔(6 min),单体 VIL 迅速达到 50 kg/m² 以上,最大增幅分别为 5.1 kg/(m² • min)、4.9 kg/(m² • min)。

在图 2.10a、b 可以看出冰雹云风暴演变过程中的高度变化特征,风暴的开始阶段单体厚度(风暴顶高—风暴底高)比较小,风暴底高均在 6 km 以上,处于这个时期的平均 0℃层高度以上,有利于冰球粒子的形成。随后风暴回波向上、向下同时增长,降雹发生在风暴顶高度在达到最大高度的几个体扫时间后。风暴一直向下发展,风暴底高度之后一直处于雷达所能探测的最低高度(0.5°仰角高度)。风暴底高度后来随时间缓慢降低,是因为风暴中心的位置离雷达越来越近。最大反射率因子高度在开始处于风暴顶部,经过 3~4 个体扫时间降低到风暴底部,最大反射率因子高度的降低与冰雹云单体内部大粒子的下沉有关。

通过上述分析,可以得出以下结论:

1)安徽地区在春夏季中的 6 月、7 月发生降雹天气的概率最大,这可能与 6 月、7 月多冷暖空气交汇、长江梅雨天气等有关。在一日中的下午到傍晚(15—18 时)发生冰雹天气的概率最大。

2)安徽地区冰雹云最大回波强度基本都在 55 dBz 以上,大部分处于 60～70 dBz 之间。春夏季节各个月最大回波强度差别不大。最大反射率因子的高度一般在开始时较高,之后降低至最低探测高度。

3)安徽地区冰雹云回波顶高平均 13.6 km,30 dBz 风暴顶高平均 12.1 km。回波顶高和风暴顶高变化趋势比较一致,一般在 0℃层高度左右形成,并向上发展,随后高度降低。

4)安徽地区冰雹云最大单体 VIL 平均 61.4 km。单体 VIL 的变化趋势与 MaxREF 的变化基本一致,都为先增大后减小。单体 VIL 达到 30 kg/m² 时,需要做好人工防雹的准备。在强对流降雹天气过程中,单体 VIL 存在突然增大的现象。单体 VIL 最大值出现的时间和地点与降雹地点和时间基本一致。

2.4　对流云水汽场特征

2.4.1　研究背景

水汽是一种重要的大气成分,在天气分析和预报、微气象学以及全球气候变化等各个领域中扮演着重要角色。水汽虽然仅占大气总质量的 0.25%,但大气水汽资源却是全球水资源的重要组成部分。其重要性可以归为以下几个方面:大气水汽是运河降水形成的物质基础,在全球水循环具有重要作用;在通常的温度变化范围内,水汽是唯一存在三相变化的大气成分,而相变过程所释放的潜热又可影响大气垂直稳定度、强对流天气的形成和演变;大气水汽又是大气中富于变化的组分,是影响短期降水预报的关键因子,其时空变化对中小尺度灾害性天气(如暴雨、冰雹、暴雪等)的监测和预报具有重要的指示作用;大气水汽还是诸多大气化学过程发生的关键因子,重要的温室气体,影响大气环境状况。基于水汽在气象、环境相关的物理化学过程中的重要作用,获得大气水汽的时空分布信息非常重要。

一直以来,探空方法是监测大气水汽垂直信息的常见手段之一,但是探空站的水平距离从几十千米到数百千米,每天释放两次探空气球,因而不能获得高时空分辨率的大气水汽垂直信息。而基于地基全球定位系统(GPS)观测的层析大气水汽技术的出现弥补了常规大气水汽探测手段的不足。地基 GPS 遥感大气水汽技术是 20 世纪 90 年代发展起来的一种全新的大气观测手段,它具有常规方法所无法比拟的优点:精度高,时间分辨率高,仪器性能可靠,维护简单等。利用其高精度的特点,可以细致了解水汽的演变过程,为进一步研究改善水汽分布特征提供一个新的手段。它的基本原理是当 GPS 卫星信号传输经过大气层时,受到电离层和大气的折射影响,使信号传播的速度减弱和路径弯曲,造成了时间上的延迟。这种时间上的延迟等价于传播路径的增长,成为 GPS 定位中的误差源,而大气科学家就设法利用这个误差源来反演大气中的水汽,从而估算得到信号路径上的水汽累积量,或称可降水量(PWV)。

2.4.2　研究目的和方法

研究和使用 GPS/PWV 数据资料具有以下意义。

(1)GPS/PWV 资料在气候分析中的应用:GPS 探测的水汽精度高,通过长时期的资料分析,可以监测水汽的长期变化趋势,从而可以从时间和空间分布上监测某个地区的气候变化趋势。

(2)GPS/PWV 资料在天气预报和分析中的应用:GPS-met 水汽资料可用于灾害性天气监测分析(如台风、暴雨等灾害性天气分析和预报)。常规的气象观测手段,包括地面观测很难及时监测到水汽如此的变化,常导致天气预报的失败。具有高精度、高时空分辨率的 GPS/PWV 资料对监测大气中的水汽变化,提高降水等灾害性天气的监测和预报能力有着重要作用。

(3)GPS/PWV 资料在数值天气预报模式中的资料同化应用:高时空分辨率的地基 GPS 资料和空基 GPS 资料,能够有效改变模式的湿度场以及其他要素初始场的质量,对提高模式的预报能力起到积极作用。

(4)GPS/PWV 资料在人工影响天气作业中的应用:GPS-met 水汽资料可用于估算某个地区的空中云水资源分布情况,及时准确了解人工影响天气作业点周边大气中水汽分布及其输送,提高人影作业效率。

目前世界上许多国家和地区都建立了地基 GPS 观测网,获得连续的大气中水汽资料,用于对天气和气候的研究和预报。从 2000 年起我国开始建立区域 GPS 观测网,到 2002 年上海、北京、天津等地区先后建立了区域 GPS 观测网,带动全国 GPS 气象业务工作。安徽省GPS 站主要包括气象局和测绘局布置的站点,而在上海区域 GPS 观测网的推动下,到目前为止,安徽省气象局初步共建立了 13 个布设在气象台站的地基 GPS 观测站(分别是:宿州、蚌埠、阜阳、铜陵、东至、太湖、桐城、金寨、寿县、合肥、马鞍山、宣城、黄山),具体台站信息见表 2.6。

表 2.6 安徽省 GPS 台站信息一览表

站号	站名	经度(°E)	纬度(°N)	海拔高度(m)
58122	宿州	116.98	33.63	22
58203	阜阳	115.74	32.88	16
58215	寿县	116.78	32.56	19
58221	蚌埠	117.40	32.92	21
58306	金寨	115.88	31.68	89
58319	桐城	116.94	31.06	83
58321	合肥	117.30	31.78	23
58336	马鞍山	118.52	31.70	23
58414	太湖	116.30	30.45	65
58419	东至	117.02	30.09	14
58429	铜陵	117.79	30.96	37
58433	宣城	118.76	30.93	70
58531	黄山市	118.29	29.71	142

本项目只考虑安徽省气象局自建的 13 个 GPS 站。所有的"GPS/PWV 资料"时间段从 2011 年 7 月至今。GPS/MET 水汽反演实时下发资料,也称为大气可降水量(Precipitable Water Vapor,PWV),来自于国家大气探测中心(反演过程:原始的 GPS/MET 资料通过 TE-QC 软件解算得到水汽 PWV 资料),记为"GPS/PWV"。GPS/PWV 资料理论上是每个时次都有观测,但考虑到 TEQC 在解算过程中涉及星历等信息,而很多时候有些信息无法获取,导致实际的 GPS/PWV 资料存在大量的缺测。

本节主要是分析安徽江淮地区水汽分布特征,水汽和降水的分布对应关系,找出当发生降水时对应的大气可降水量(PWV)的域值以及突变值。选取了安徽江淮地区七个台站(金寨、寿县、合肥、铜陵、桐城、东至、蚌埠),对 2012—2015 年共 4 年(5—9 月)的地基 GPS 数据进行解算,结合地面温度和气压观测资料,反演了逐时大气可降水量(PWV)。利用反演的大气可降水量数据,结合雨量数据库,编程提取计算相应单站对应日数的每小时的累计雨量数据,统计得出当发生降水时对应的大气可降水量(PWV)的域值。大气可降水量(PWV)每小时一个数据,每日共 24 个,对应的 5 月、7 月、8 月三个月每月 744 个样本,6 月、9 月两个月每月 720 个样本。当某时刻雨量数据大于 0 时,对应的大气可降水量(PWV)数据作为一个降水样本(当发生降水时,如果 GPS 数据缺测,该样本去除)。

2.4.3　结果分析

利用本资料统计了安徽省 1—12 月 PWV 平均值特征,PWV 地域上表现为南多北少,时间上表现为夏季明显偏多,冬季偏少的特征,5—9 月明显偏多,尤其是 7 月、8 月平均值可达 60 mm 左右,统计 5—9 月降水发生时对应 PWV 的平均值分别为 53.3 mm、61.7 mm、68.0 mm、72.4 mm 和 53.4 mm,利用累计频率方法统计 5—9 月 80% 的降水分别发生在 PWV 可降水量为 43 mm、58 mm、61 mm、59 mm 和 49 mm 以上时。

2.5　江淮对流云结构分类特征

2.5.1　研究方法与资料介绍

主要利用安徽省内多普勒雷达组网数据,选择区域为安徽省内长江以北区域,重点统计江淮之间区域。对对流云的判定方法参考了 Lombardo 等(2010)对美国西北部的暖季对流云判定方法,把雷达回波强度大于等于 35 dBz 的云系判定为对流云,该方法能够较好地降低对流云的错判(Gallus et al,2008)。统计了 2013 年、2014 年 6—9 月在江淮地区产生的不同结构类型的对流云,共找出 227 个对流云个例,并对这些对流云个例按照不同结构进行了归类(王晓芳等,2012)。

2.5.2　结果分析

(1)对流云结构分类

通过江淮地区雷达组网数据统计的对流云个例分析发现,其在结构上具有较大差异。为了区分不同的对流云结构,需要对对流云个例进行分类(郑淋淋等,2012)。本节对对流云结构的分类参考了 Lombardo 等(2010)对美国西北部的暖季对流分类方法,将 227 个江淮对流云个例分为 9 类,不同的对流云结构及其简称如表 2.7 所示。

表 2.7 对流云结构分类及简称

对流云结构分类	英文名称	简称	备注
孤立对流云	isolated cell	IC	孤立的单一对流
簇状对流云	clusters of cells	CC	对流云成簇状排列
非线状对流	nonlinear systems	NL	对流云和层云在一起,但呈非线状排列
破碎线状对流	broken lines	BL	线状对流发展后期,线状破坏后形成
线状对流	Linear systems with no stratiformrain	NS	对流呈线状排列,无层云伴随
线状引导层云系统	Linear systems with trailing stratiform rain	TS	对流呈线状排列,移动方向后部有层云尾随
线状平行层云系统	Linear systems with parallel stratiform rain	PS	对流呈线状排列,垂直移动方向有层云平行伴随
层云引导线状系统	Linear systems with leading stratiform rain	LS	对流呈线状排列,移动方向前部有层云伴随
弓状回波系统	bow echoes	BE	对流呈弓状排列

(2)对流云结构分类分布特征

通过统计分析江淮地区对流云结构发现,不同结构的对流云发生的概率具有差异,表 2.8 统计了 2013—2014 年 6—9 月不同结构对流云在江淮地区的发生次数,其中孤立对流发生次数最多,共发生 66 次,最少是弓状回波对流,只发生 1 次。统计结果显示,江淮地区对流云以孤立对流云、簇状对流云和非线性对流云为主,这三种对流云分别占了总对流云的 29.1%、18.1%和 23.3%。Gallus 等(2008)对美国北部的雷达数据进行统计,发现当地对流系统以非线状对流云为主,占所有对流云的 29%,而簇状对流和孤立对流云比例分别为 20%和 26%。而 Lombardo 等(2010)分析美国西北部的暖季对流时发现,孤立对流云、簇状对流云和非线性对流云占的比例分别为 14%、28%和 33%。对比以上统计结果可以发现,由于地域的差异,不同结构对流云所占的比例不同,同时占主导地位的对流结构也具有差异(朱士超等,2017)。

表 2.8 不同结构对流云发生次数

对流名称	发生次数
IC	66
CC	41
NL	53
BL	4
NS	24
TS	27
LS	3
PS	8
BE	1

同时,在时间分布上,对流云发生的频率也具有较大差异。对于 2013—2014 年 6—9 月江淮对流云统计后发现,8 月是对流云高发期,对流发生次数是 6 月的两倍多。孤立对流云发生的次数也满足此规律,8 月孤立对流发生最多,6 月和 9 月发生孤立对流次数相对较少。江淮地区对流云多发生在午后 12—18 时,其中 16 时发生对流的频率最高,同时 08—09 时存在对流发生的次峰值,00—07 时发生对流发生次数较少。

(3)对流云分类结构天气类型分布特征

江淮地区天气背景复杂,黄勇等(2015 a,b)把江淮地区夏季的天气背景分为多个模态,参考其天气形势分类方法,把江淮对流云出现时的各种天气环流特征分为九类。

不同的天气背景下,产生的对流结构也具有差异,低槽 I 型天气下,主要以孤立对流为主;低槽 II 型天气下,主要发生的对流以非线状对流为主;同时,由于低槽 II 型是江淮地区多发的天气类型,所以这种天气是各种对流的高发型天气。平直西风型天气,内陆高压外围型天气和高压脊型天气在江淮地区出现较少,所以在这几类天气类型下,对流发生的频次也相对较少(表 2.9)。

表 2.9　不同结构对流云在不同天气类型下发生的次数

天气环流型	IC	CC	NL	BL	NS	TS	LS	PS	BE
低槽 I 型	12	6	3	0	5	5	0	1	0
低槽 II 型	12	10	14	1	7	11	2	3	1
副高控制型	7	3	2	0	1	2	0	0	0
副高外围 I 型	10	6	6	0	3	1	0	1	0
副高外围 II 型	6	5	12	1	4	2	1	1	0
台风倒槽型	4	2	1	0	1	2	0	0	0
平直西风型	2	1	1	0	0	0	0	0	0
内陆高压外围	0	0	2	0	0	0	0	0	0
高压脊	4	0	1	0	0	0	0	0	0

孤立对流云作为江淮地区高发的对流云类型,主要在三种天气背景下产生,在低槽 I 型天气中,孤立对流云发生位置处于槽线尾端的前部,安徽省不受副热带高压影响。在低槽 II 型天气中,孤立对流云发生位置处于槽线尾端的前部,副热带高压中心西移超过 130°E,但是 588 dagpm 线并没有到达安徽省内。在副高 I 型天气中,孤立对流云发生位置处于副热带高压外围,安徽部分地区在 588 dagpm 线之内,同时在华北地区有一个低槽,安徽省处于槽线末端。

簇状对流云出现的三种主要天气形势和孤立对流相似。簇状对流云也是主要在低槽 I 型、低槽 II 型和副高外围 I 型三种天气类型下出现。非线状对流云出现的主要天气类型和孤立、簇状对流云不同,虽然非线状对流云也在低槽 II 型和副高外围 I 型天气中生成,但是在副高外围 II 型天气中,产生非线状对流的概率也很高。

2.6　江淮对流云精细结构特征

2.6.1　资料与方法

2013 年放置一部调频连续波雷达在江淮地区观测,观测到多个不同结构的对流云个例,该雷达具有较高的时空分辨率,所以可以利用该数据分析不同类型对流云的垂直结构。表 2.10 给出了调频连续波雷达主要技术参数(刘黎平等,2015)。

表 2.10　调频连续波雷达主要技术参数

参数	指标
工作频率	5530 MHz±3 MHz/±3.5 MHz
探测方式	固定垂直指向探测
探测量程	0.015~24 km
重复周期	600 s、700 s
时间分辨率	3 s
距离库长、库数	库长:15 m/30 m,库数:800/500
探测能力	15 km 高度处探测能力低于 −20 dBz
天线型式	收发分置,抛物面

2.6.2　对流云精细垂直结构特征

(1)孤立对流云

调频连续波雷达是一种具有高时空分辨率探测雷达,垂直分辨率为 30 m,所以该雷达能够更加准确地探测对流云结构在垂直方向上的变化(阮征等,2015)。典型孤立对流云个例出现在 2013 年 7 月 20 日上午,云内回波在横向上呈波状排列(图 2.11a(彩)),回波强度从前到后依次加强,可以推断前面的云体为新生云体,处于初始阶段,从云中到地面回波减弱,说明降水粒子从出云到落地过程中,可能通过蒸发和破碎等过程,粒子粒径和密度减小,进而导致了回波减弱。而后面的云体已经发展成熟,从云中到地面回波没有减弱,说明云系降水处于成熟期,降水粒子从出云到落地的过程中,粒径和密度可能并没有明显减少,所以回波并没有减弱。同时孤立对流上部有典型的云砧出现,这主要是受高空风的影响,在云砧后部形成出流区。从图 2.11b(彩)中可以看出,孤立对流云降水粒子的垂直落速从云顶开始逐渐增加,随着高度的降低,孤立对流云前面的云体落速减小,后面的云体降水粒子保持最大落速触地,最大落速为 13.3 m/s,同时可以看出粒子速度轨迹呈现倾斜式分布。在前人的研究中也存在类似结论,Black 等 (2003)利用飞机探测资料分析对流结构时发现,在 12 km 高度云中降水粒子下落速度最大达到 13 m/s。Lerach 等(2009)利用北美季风试验(NAME:North American Monsoon Experiment)获取的雷达数据分析对流云垂直结构时发现,对流云降水粒子下落速度范围为 3~10 m/s,同时发现速度轨迹往往呈现倾斜式分布。Heymsfield 等 (2010)利用机载雷达分析对流云垂直结构时发现,云中降水粒子最大下落速度位于 5 km 高度处,最大下落速度达到 13 m/s。用调频连续波雷达观测的对流云粒子最大下落速度与 Black 等(2003)和 Heymsfield 等(2010)观测结果相近,而粒子速度轨迹呈倾斜式分布与 Lerach 等(2009)研究结果一致。

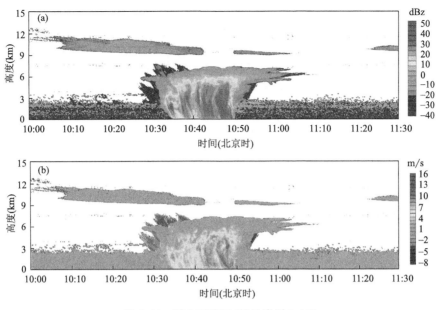

图 2.11　孤立对流云(另见彩图 2.11)

(a)连续波雷达反射率因子;(b)降水粒子下落速度

(2)簇状对流云

簇状对流云是多个对流单体成簇状同时出现的对流系统,典型簇状对流发生时间为 2013 年 7 月 22 日上午,从 08:40 到 10:10,多个对流单体移过连续波雷达上空(图 2.12(彩)),不同回波强度对流云同时存在,整个簇状对流云系统整体偏弱,回波顶高大部分低于 6 km。簇状对流云降水粒子落速随着高度的降低,速度逐渐增加,但云体下部的主要落速集中在 4~8 m/s 之间,最大下落速度为 8.2 m/s。

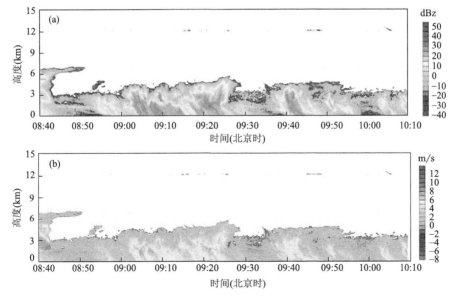

图 2.12　簇状对流云(另见彩图 2.12)

(a)连续波雷达反射率因子;(b)降水粒子下落速度

(3)非线状对流云

非线状对流云以积层混合云出现的形式较多。典型非线状对流云发生时间为 2013 年 7 月 7 日上午,其出现时,对流云镶嵌在层云中,在层云区域存在清晰的粒子融化带,高度的波动范围为 4.5～5.5 km,主要范围集中在 4.9～5.1 km,嵌入对流云区域融化带没有层云区域明显,同时云顶高度参差不齐,嵌入对流云云顶高于周边层云云顶(图 2.13(彩))。由于非线状对流云中包含层云,云系中存在明显的融化带,在融化带附近,降水粒子的垂直落速有一个快速变化的过程,融化带上部粒子下落速度普遍在 0～2 m/s 范围内,融化带下部,粒子下落速度普遍高于 4 m/s,最大下落速度为 11.5 m/s,发生在嵌入对流云下部。

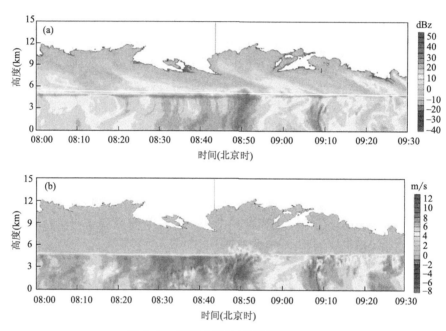

图 2.13　簇状对流云(另见彩图 2.13)

(a)连续波雷达反射率因子;(b)降水粒子下落速度

第3章　江淮对流云微观结构特征分析

3.1　基于双偏振雷达的对流云微观结构特征

3.1.1　研究方法与资料介绍

江淮对流云是江淮地区的重要降水云系,自然界对流云千变万化,不同地域的对流云特征又有所差别。研究江淮对流云在生消发展移动过程中,其宏微观特征的变化,对安徽人工影响天气的相关工作具有重要意义。在对流云(风暴)的雷达自动识别、追踪和预报技术上,自 20 世纪 50 年代开始,经过多年的发展,在业务中应用最广泛的两种方法是基于交叉相关法和图形算法的识别追踪分析预报算法和基于风暴单体质心的识别追踪算法:SCIT。本节利用 SCIT 算法对对流云进行识别追踪,进而对识别追踪后的对流云宏微观特征进行统计分析。雷达数据来自移动 C 波段双偏振雷达观测数据,观测时段为 2014 年 6—7 月共 11 个 IOP 过程,观测地点在安徽省长丰县龙门寺水库。

在极坐标的雷达数据中,SCIT 算法采用七个反射率阈值(30 dBz,35 dBz,40 dBz,45 dBz,50 dBz,55 dBz,60 dBz)来识别对流云风暴结构体,大致分为如下四个步骤。

(1)"段"的识别:识别雷达体扫数据各个径向上不同反射率阈值段,该阈值段内的反射率均大于或等于该阈值。如图 3.1 所示,黑色双向箭头为 45 dBz 阈值段。

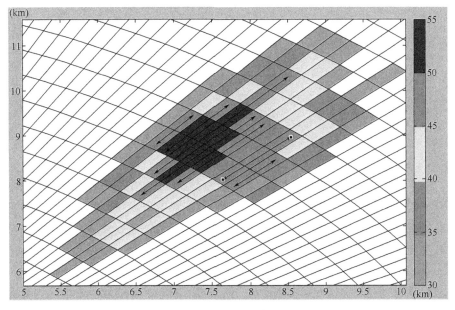

图 3.1　"段"示意图

（2）二维"分量"的识别：识别雷达体扫数据中各个仰角层不同反射率阈值分量，该阈值分量为某仰角层不同径向上，该阈值段的组合。

（3）分量的筛选：某一仰角层内，为了保留最强回波区的信息，若高反射率阈值分量落在低反射率阈值分量内，则舍弃低反射率阈值分量，保留高反射率阈值分量，如图 3.2 所示。

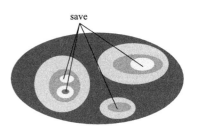

图 3.2　筛选高反射率阈值分量示意图（save：保留部分）

（4）分量的垂直关联：对雷达体扫数据中不同仰角层上的分量进行垂直关联，构成对流云风暴质心，如图 3.3 所示。

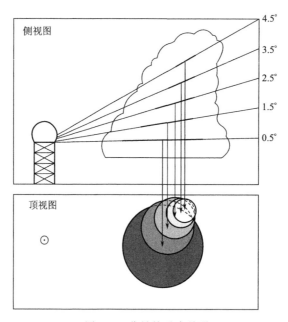

图 3.3　分量的垂直关联

通过以上四个步骤可以知道，SCIT 算法进行对流云风暴识别时，仅保留该对流云风暴的质心（最强回波区域）信息。本节为了研究相对更大范围内的对流云风暴特征以及便于比较不同对流云风暴特征之间的差别，在对流云风暴追踪过程中，统一计算最低反射率阈值（30 dBz）范围内的对流云宏微观特征，而不是计算对流云风暴质心区域的特征。

（5）对流云风暴的追踪：对不同观测时次的风暴进行时间序列上的关联，构成对流云风暴追踪序列。

利用 SCIT 算法对江淮地区对流云进行识别追踪，即识别出每个雷达体扫时次中的所有对流风暴后，对不同雷达体扫时次的对流风暴进行时间序列上的追踪关联，构成对流云风暴追踪序列。该追踪序列内包含若干个不同时次的对流风暴单体，反映对流风暴的生消移动特征，进而对对流云风暴微观特征进行不同分类方法（总体、持续时间、尺度）的统计，分析其微观结构特征。

雷达数据来自移动 C 波段双偏振雷达观测数据，观测时段为 2014 年 6—7 月和 2015 年 6—8 月，观测地点在安徽省长丰县龙门寺水库。雷达观测范围如图 3.4 所示。

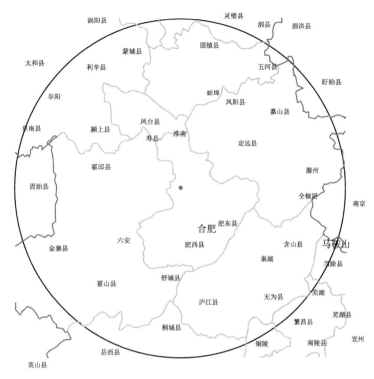

图 3.4　雷达观测范围

微观特征参量计算如下。

（1）过冷水总量

$$\sum 3.44 \times 10^{3} \times Z_{h}^{sld4/7} \times \Delta h \times \Delta S \tag{3.1}$$

式中，Z_{h}^{sld} 为过冷水滴产生的雷达水平反射率因子，单位 mm^{6}/m^{3}，Δh 为高度，单位 km，ΔS 为面积，单位 km^{2}。

Z_{h}^{sld} 的计算，需先引入 Z_{dp}：

$$Z_{dp} = 10\log_{10}(Z_{h} - Z_{v}) \tag{3.2}$$

式中，Z_{h}、Z_{v} 分别为雷达水平反射率因子和垂直反射率因子，单位 mm^{6}/m^{3}。对于云体内 0℃ 层以上：

$$Z_{h}^{sld} = 0.77Z_{dp} + 14 \tag{3.3}$$

此式成立的条件是 $Z_{h} > 35$ dBz，$Z_{h} - Z_{h}^{sld} > 1$ dB。

（2）相态识别

通过探空资料和模糊逻辑法，识别出对流云风暴内每个段中每个库的相态，其为以下四种相态之一：雨（包括大雨、中雨、小雨、毛毛雨）、雹（包括冰雹、雨雹混合物）、霰（包括雹霰混合物、雨霰混合物）、雪（包括干雪、湿雪）。

（3）雨滴谱反演

首先利用江淮之间的地面雨滴谱仪历史数据，通过雨滴粒子散射特征模拟，建立雨滴伽玛（Gamma）谱分布的参数查找表。在对流云风暴相态识别中识别为雨的库，通过其 Z_{h}（水平反射率因子）、Z_{dr}（差分反射率因子）查找出伽玛谱分布的三个参数 N_{0}，μ，λ，再带入伽玛谱分布

函数

$$N(D) = N_0 D^\mu \text{Exp}(-\lambda D) \tag{3.4}$$

反演得到其滴谱分布。

3.1.2　对流云微观特征分析

(1)总体特征

统计时段内共识别出 32333 个对流云风暴样本,5014 个对流风暴追踪序列。

1)过冷水总量

如图 3.5a 所示,横坐标为对流云风暴过冷水总量(Y)的对数,单位为吨(t),其值小于 0 时,表示对流云风暴未识别出过冷水。纵坐标为占总样本数的比例。未识别出过冷水的对流风暴占比约为 60%,识别出过冷水的对流风暴,其过冷水总量主要集中在 $10^2 \sim 10^5$ t 范围内,占 33%,尤以 10^3 t 范围最大,达 14%。

2)相态分布比例

将对流云内粒子相态归为四种:雨(包括大雨、中雨、小雨、毛毛雨)、雹(包括冰雹、雨雹混合物)、霰(包括雹霰混合物、雨霰混合物)、雪(包括干雪、湿雪)。四种相态在云中所占的比例,如图 3.5b 所示,横坐标为 4 种不同相态,纵坐标为在总体样本中的平均比例,其中雨的比例约为 78.5%,雹的比例约为 0.4%,霰的比例约为 5.7%,雪的比例约为 15.3%,主要以雨为主,其次为雪,雹占比最低。

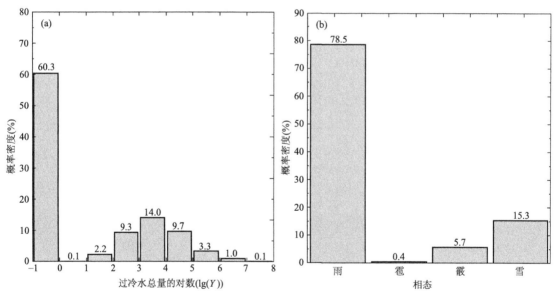

图 3.5　对流风暴总体样本微观特征分布

(a)过冷水总量;(b)四种相态比例分布

3)雨滴谱分布

通过对总体样本中的单个样本雨滴谱分布取平均,得到对流云风暴的平均滴谱分布。拟合伽玛函数分布参数 $N_0 = 67631$,$\mu = 4.2115$,$\lambda = 4.5693$。中值体积直径为 1.725 mm,雨滴数密度为 780 个/m³。

（2）不同生命史分布特征

在对流云风暴识别时，追踪其持续时间，划分为三类：30 min 以内、30～60 min、60 min 以上，三类样本数分别为：10994 个、9917 个和 11422 个，风暴追踪序列数分别为：2954 个、1322 个、738 个。

1）过冷水总量

如图 3.5a 所示，生命史越长的对流云风暴，过冷水含量越高，主要分布比例最大值在 10^3 t，过冷水总量在 10^2～10^5 t 区间的比例，生命史从短到长分别为：25％、30％、40％。

2）相态分布比例

不同生命史的对流云风暴内，雨和雹的比例大致相同，霰的比例随持续时间增长，有所增加，而雪则相反。

3）雨滴谱分布

不同生命史的对流云风暴滴谱分布差别不大，30 min 以内、30～60 min、60 min 以上拟合伽玛分布谱函数参数分别为：$N_0 = 64893$，$\mu = 4.2301$，$\lambda = 4.5816$；$N_0 = 59709$，$\mu = 4.1255$，$\lambda = 4.4962$；$N_0 = 77818$，$\mu = 4.2652$，$\lambda = 4.6177$。中值体积直径分别为：1.72 mm、1.73 mm、1.72 mm，雨滴数密度分别为：739 个/m^3、747 个/m^3、850 个/m^3。

（3）不同尺度分布特征

观测样本中，风暴的尺度主要为：γ 中尺度（2～20 km）和 β 中尺度（20～200 km）两种，样本数分别为：18777 个、13369 个。

1）过冷水总量

β 中尺度的过冷水含量明显高于尺度较小的 γ 中尺度的对流云风暴，而两者的分布比例最大值也在 10^3 t，过冷水总量主要分布在 10^2～10^5 t 区间，γ 中尺度的比例约为 25％，β 中尺度约为 45％，明显高于 γ 中尺度。

2）相态分布比例

γ 中尺度和 β 中尺度的对流云风暴体内雨的比例约为 80％，前者比后者略大，雹和霰的比例二者差别不大，雪的比例前者略小于后者，说明对流云内粒子相态分布与尺度大小无关。

3）雨滴谱分布

γ 中尺度的对流云风暴滴谱分布比 β 中尺度的偏小。γ 中尺度拟合伽玛分布谱函数参数：$N_0 = 29486$、$\mu = 4.1313$、$\lambda = 4.6074$，β 中尺度：$N_0 = 60964$、$\mu = 4.1716$、$\lambda = 4.5384$。中值体积直径分别为：1.69 mm、1.73 mm，雨滴数密度分别为：314、727 个/m^3，尺度越大，雨滴越多、越大。

3.2　地面雨滴谱特征

3.2.1　研究方法和数据介绍

使用 2011—2013 年夏季（6—8 月）地基激光粒子雨滴谱谱仪（Parsivel）的资料，分析该地区不同降水类型下的雨滴谱特征。仪器安装在滁州市气象局观测场内（32.30°N，118.31°E，海拔 24 m），记录了 2011—2013 年全年的降水过程。仪器连续采样，中间有若干次仪器故障导致的数据缺失。详细的数据处理方法参考（Chen et al.，2013）。使用的微物理参数见表 3.1（袁野等，2016）。

表 3.1 微物理参数

符号	参数名称
N_0	浓度参数
μ	形状因子
Λ	斜率参数
D_m	质量平均直径
N_w	标准化参数
Z	反射率
R	雨强

注:对流降水和层云降水分别简称为 C 和 S。

3.2.2 滴谱特征分析

(1)总体特征

经过数据处理,共获得 23093 个有效降水样本。其中包含 10167 个层云降水样本,占总样本的 44%;2904 个对流降水样本,占总样本的 13%;剩余样本为其他类型降水,由于本项目只讨论对流降水和层云降水的雨滴谱特征,因此不考虑剩余样本。图 3.6 是所有降水样本雨强的频率分布及对总降水量贡献的百分比分布。雨强小于 5 mm/h 的降水发生频率和对总降水的贡献分别为 86% 和 27%,雨强 5~10 mm/h 的降水发生频率和对总降水的贡献分别为 6% 和 12%。雨强大于 10 mm/h 的降水发生频率和对总降水的贡献分别为 8% 和 61%。总体来说滁州地区降水频率以小雨强降水为主,10 mm/h 以下降水的发生频率为 92%,但是对总降水的贡献只有 39%。Chen 等(2013)统计 2009—2011 年南京的雨滴谱观测资料,得到雨强小于 5 mm/h 的降水发生频率和对总降水的贡献分别为 75% 和 24%,雨强 5~10 mm/h 的降水发生频率和对总降水的贡献分别为 11% 和 15%。滁州夏季 5 mm/h 以下的降水频率高于南京,5 mm/h 以上的降水频率低于南京。这种差异的原因有待进一步研究。

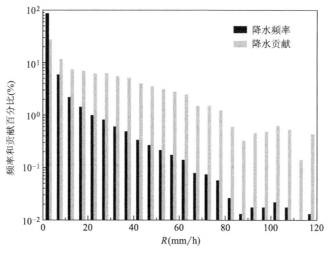

图 3.6 降水频率分布及对总降水贡献(横坐标 R 代表雨强,以 5 mm/h 为间隔)

（2）谱分布

为了研究不同类型降水的谱分布特征，计算了不同类型降水的平均谱（图 3.7）。对流降水谱宽更大，并且各个粒径段的雨滴数浓度都高于层云降水，因此有更高的雨强，更强的反射率因子。对流降水在小滴段（<1 mm）拟合值偏小，在大滴段（3~5 mm）拟合值偏高，这种现象在 Chen 等（2013）中也有观测到；层云降水的伽玛分布曲线大致能反映雨滴谱分布，但是小滴段的拟合值略有偏高。从图 3.7 中的表格可以看到，对流降水和层云降水伽玛分布参数均有所差异。雨滴谱分布曲线曲率是由降水微物理过程决定，与降水类型、冷云-暖云过程、上升气流强度、蒸发等因素有关。

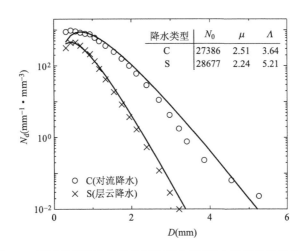

降水类型	N_0	μ	Λ
C	27386	2.51	3.64
S	28677	2.24	5.21

○ C(对流降水)
× S(层云降水)

图 3.7　不同类型降水的平均谱和拟合谱（图中实线代表拟合值）

（3）不同降水类型下各参数的频率分布

D_m、N_w 和伽玛分布三参数的频率分布如图 3.8，各参数的平均值、标准差（SD）、偏度（SK）也在表 3.2 中给出。总体来看，对流降水频率分布曲线峰值较大，但各参数数值的变化范围较小。也就是说，对流降水各参数分布比较集中，这点从标准差上可以得到很好的反映：对流降水各参数的标准差均较小。除了对流降水 $\log_{10} N_w$ 的偏度为负值，其他各参数偏度均为正值，说明各参数的频率分布主要集中在小值区。Marzano 等（2010）统计了世界不同地区的雨滴谱数据，并分析了 D_m、$\log_{10} N_w$ 和 μ 的频率分布，也得到类似结果。对流降水 D_m 的平均值为 1.67 mm，层云降水 D_m 的平均值为 1.18 mm，对流降水平均尺度更大。这与 Chen 等（2013）的结果一致（表 3.2）。对流降水 $\log_{10} N_w$ 的平均值为 3.91 mm$^{-1} \cdot$ m^{-3}；层云降水 $\log_{10} N_w$ 的平均值为 3.57 mm$^{-1} \cdot$ m^{-3}，对流降水的 $\log_{10} N_w$ 更 X 大，也与 Chen 等（2013）的结果一致。不论对流降水还是层云降水，滁州的降水雨滴尺度相比南京均偏小，$\log_{10} N_w$ 则相反。

从表 3.2 可以看到，不论对流降水还是层云降水，$\log_{10} N_0$ 的标准差都大于 $\log_{10} N_w$ 的标准差，说明归一化参数 N_w 的稳定性更好。对流降水和层云降水 μ 的平均值分别为 5.6 和 9.1，对流降水 μ 的平均值较小。Marzano 等（2010）观测得到对流降水和层云降水的 μ 分别为 7.6 和 8.3，对流降水的 μ 较小，与本项目的结论一致。Λ 的分布类似于 μ。伽玛分布三参数频率分布相似，说明 N_0、μ、Λ 并非相互独立，这将在后面详细讨论。

表 3.2 与图 3.8 中伽玛参数的值有所差异。图 3.8 中是对平均谱求伽玛参数,表 3.2 则是单个谱的伽玛参数的平均。从图 3.8 中伽玛参数分布可以看出,不论对流降水和层云降水,伽玛参数的变化范围都很大,因此单个谱伽玛参数的平均值也会比较大;而平均谱相当于对不同的雨滴谱进行平滑处理,减小了变化较大的雨滴谱的影响,因此平均谱的伽玛参数较小。

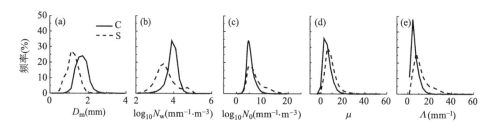

图 3.8　不同降水类型下各参数频率分布(实线代表对流降水,虚线代表层云降水)

表 3.2　各参数平均值(Mean)、标准差(SD)、偏度(SK),括号内为 Chen 等(2013)中的观测值

降水类型	计算量	D_m	$\log_{10}N_w$	$\log_{10}N_0$	μ	Λ
对流云降水	Mean	1.67(1.71)	3.91(3.80)	5.5	5.6	6.2
	SD	0.32(0.24)	0.29(0.22)	1.48	3.68	3.37
	SK	0.76(0.29)	−1.15(−0.39)	1.43	1.41	1.64
层云降水	Mean	1.18(1.30)	3.57(3.45)	7.4	9.1	12.6
	SD	0.31(0.20)	0.54(0.25)	3.13	6.04	8.11
	SK	1.21(0.24)	0.46(−0.18)	1.19	2.98	2.11

(4)各参数和雨强的关系

一般来说,总雨滴数浓度 N_t 会随着雨强的增长而增大。Ulbrich 等(2007)给出二者之间的关系:$N_t=\xi R^\eta$,并且 $\eta=(4+\mu)/(4.67+\mu)$。图 3.9a 是 $\log_{10}N_t$ 和 R 的散点图。层云降水的数据点比较分散,相关性较差;对流降水的点则比较集中,相关性较好。拟合关系式如图 3.9 中所示,对流降水的指数较小,层云降水的系数较小,说明层云降水总雨滴数浓度对雨强的变化更敏感(金祺等,2015)。

Sharma 等(2009)根据 1999—2000 年夏季印度 Gadanki 地区的雨滴谱资料,研究了 D_m 和 R 的关系,得到对流降水和层云降水的 D_m-R 关系分别为 $D_m=1.35R^{0.14}$ 和 $D_m=1.59R^{0.05}$,二者的相关系数较低。Chen 等(2013)拟合得到南京地区对流降水和层云降水的 D_m-R 关系分别为 $D_m=1.16R^{0.14}$ 和 $D_m=1.20R^{0.15}$,对流降水拟合公式的系数和指数均小于层云降水。本节中 D_m 和 R 的关系如图 3.9b 所示,对流降水和层云降水的 D_m-R 关系分别为 $D_m=1.11R^{0.15}$ 和 $D_m=1.15R^{0.10}$,对流降水系数较小,但是指数较大。本节和 Chen 等(2013)中拟合公式系数明显要小于 Sharma 等(2009)中的拟合系数,说明滁州和南京地区降水的雨滴尺度小于伽马地区。这可能是纬度差异导致(伽马位于 13.50°N,滁州和南京均位于 30°N 附近)。从图 3.9b 中虚线框内可以看到,比较对流降水和层云降水的拟合曲线,当雨强小于 2 mm/h 时,相同的雨强下,层云降水雨滴尺度大于对流降水;雨强大于 2 mm/h 时结果则相反。但是由于 D_m 与 R 的相关性不高,仅仅通过拟合公式并不能说明在雨强相同时,对流降水和层云降水雨滴尺度的相对大小。

本项目计算的 $\log_{10}N_w$ 随着雨强 R 的增长而增大。对流降水的 $\log_{10}N_w$ 与雨强 R 相关性较好,拟合公式为 $\log_{10}N_w=3.63R^{0.03}$;层云降水的 $\log_{10}N_w$ 与雨强 R 相关性较差,拟合公式为 $\log_{10}N_w=3.51R^{0.06}$。

伽玛分布的三参数 N_0、μ、Λ 受到雨强的影响。随着雨强增大,降水过程中雨滴的相互作用增加,会导致雨滴谱谱型趋于稳定,伽玛分布参数与雨强的关系减弱。从图 3.9e 中可以看到,雨强较小时,μ 值为 $-5\sim50$,变化范围较大;随着雨强增大,μ 的变化范围减小,并且数值也在减小。当雨强超过 70 mm/h 时,μ 趋于常数 3。总体来看,μ 和雨强 R 成反比,这和陈宝君等(1998)的结果一致。μ 和雨强 R 的反比关系主要是受到 D_m 的影响。Ulbrich 等(2007)给出 D_m 和 μ 的参数化关系:$D_m=(4+\mu)/\Lambda$,说明 $\mu-\Lambda$ 关系取决于 D_m。由于 $\mu\infty1/D_m$,而 $D_m\infty R$,因此 $\mu\infty1/R$,即 μ 和 R 成反比。$\log_{10}N_0$ 和 Λ 的变化与 μ 相似,雨强较小时,变化范围较大;随着雨强的增长,$\log_{10}N_0$ 和 Λ 变化范围也减小,并逐渐趋于常数。

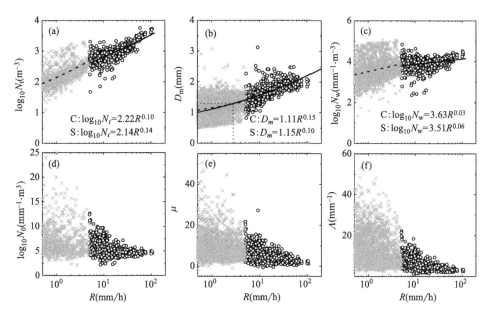

图 3.9　各参数和雨强的关系(a、b、c、d、e、f 分别为 N_t、D_m、$\log_{10}N_w$、$\log_{10}N_0$、μ、Λ 与 R 的关系;圆圈代表对流降水,叉号代表层云降水;实线是对流降水的拟合曲线,虚线是层云降水的拟合曲线)

(5)μ-Λ 关系

从前面的讨论我们知道,伽玛分布三参数 N_0、μ、Λ 并不是相互独立的。Ulbrich(1983)给出 N_0 和 μ 的关系:$N_0=6\times10^4\exp(3.2\mu)$,说明了 N_0 随着 μ 指数增长。Zhang 等(2003)分析 1998 年美国佛罗里达州夏季雨滴谱资料,发现雨强较小时数据质量较差,μ 和 Λ 的值往往很大,因此需要对数据进行过滤。选取雨强大于 5 mm/h 并且样本雨滴数 $N_t>1000$ 的雨滴谱个例,得到较好的 μ-Λ 关系,拟合公式为:$\Lambda=0.0365\mu^2+0.735\mu+1.935$。同时他们指出,$\mu$ 和 Λ 的这种关系主要与微物理过程有关,可能受到气候、降水类型以及地形等因素的影响。因此,我们需要找到适合当地情况的 μ-Λ 关系。

图 3.10 是 μ 和 Λ 的散点图,图中还给出了按照 Zhang 等(2003)的方法(只保留 $R>5$ mm/h 且 $N_t>1000$ 的数据)过滤后的数据。Ulbrich(1983)提出 D_m、μ、Λ 的关系为 $D_m=$

$(4+\mu)/\Lambda$，D_m 越大，意味着 μ 越大，Λ 越小。图 3.10 中给出了 $D_m=0.5$、1.0、2.0、3.0 mm 时对应的曲线。可以看到未过滤的数据比较分散，相关性较差，D_m 在 0.5 mm 至 3 mm 之间；过滤后的数据 μ 和 Λ 的变化范围减小，并且有较好的相关性，D_m 有所增大。过滤后的数据拟合公式为：$\Lambda=0.0117\mu^2+0.844\mu+1.316$。Chen 等(2013)也用相同的方法进行了拟合，拟合关系为 $\Lambda=0.0141\mu^2+0.550\mu+1.776$。三条拟合曲线均在图 3.10 中，本节中的拟合曲线位于 Chen 等(2013)和 Zhang 等(2003)拟合曲线之间，与 Chen 等(2013)在南京的观测结果更接近。对比本节与 Chen 等(2013)中的拟合曲线，相同的 Λ 下 Chen 等(2013)的拟合曲线对应的 μ 更大，因此 D_m 也更大，说明南京的降水雨滴尺度可能更大；同样的原理，美国佛罗里达州的降水雨滴尺度较小。

　　图 3.10 中层云降水 μ/Λ 的频率分布曲线右端均有一个长尾巴，导致其 μ/Λ 的偏度大于对流降水。从图 3.10 中可以看到，μ 值超过 20 的点均是由未过滤的数据($R<5$ mm/h)产生，而 $R<5$ mm/h 也是划分层云降水的必要条件之一。因此未过滤的数据主要集中在层云降水段，导致了层云降水偏度更大。

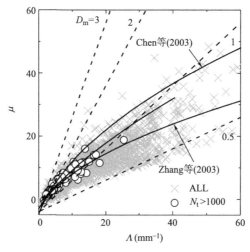

图 3.10　μ-Λ 关系(圆圈代表过滤后的数据，叉号代表未过滤的数据，粗实线是过滤后数据的拟合曲线，虚线对应 $D_m=(4+\mu)/\Lambda$ 中 $D_m=0.5$、1.0、2.0、3.0 mm)

(6)Z-R 关系

　　经验公式 $Z=AR^b$ 是雷达定量估测降水的基础。图 3.11a 是滁州雨滴谱资料计算的不同降水类型下的 Z-R 关系。对流降水和层云降水的 A 值分别为 408 和 301，b 值分别为 1.20 和 1.21。在 b 值相同时，A 值越大表示雨滴尺度越大。本节中对流降水和层云降水的 b 值接近，但是对流降水的 A 值大于层云降水的 A 值，说明对流降水的雨滴尺度大于层云降水的雨滴尺度，与前节讨论的结果一致。

　　本节对不同月雨滴谱数据分别拟合，结果如图 3.11b。对流降水和层云降水的 A 与 b 均表现出明显的反相关关系，对流降水 A-b 拟合公式为 $A=10^{2.55}b^{-1.53}$，与 Maki 等(2001)的结果比较接近；层云降水拟合公式为 $A=10^{2.55}b^{-1.4}$，对流降水 A 对 b 的变化更敏感。

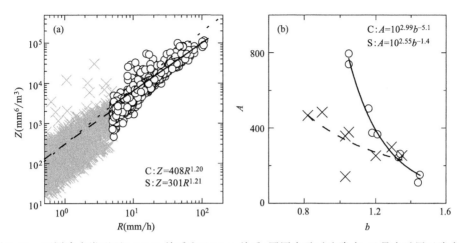

图 3.11　不同降水类型下(a)Z-R 关系和(b)A-b 关系(圆圈表示对流降水,叉号表示层云降水;实线表示对流降水拟合曲线,虚线表示层云降水拟合曲线,点线表示 Fulton 等(1998)的拟合曲线)

第4章 江淮对流云数值模拟

4.1 江淮对流云微物理过程数值模拟

4.1.1 数值模式简介

对流云模拟使用的数值模式为中国科学院大气物理研究所建立并发展的三维对流云模式。其动力学框架由一组非静力可压缩的完全弹性方程组构成,并采用交错网格、时间分裂和质心跟踪等技术求解方程组。模式中考虑了云滴(C)、雨滴(R)、冰晶(I)、雪(S)、霰(G)和冰雹(H)共6种水成物粒子。微物理参数化采用双参谱方案,同时预报水成物粒子的比含量和比浓度。此外,对播撒物质碘化银粒子的比含量也进行预报。需要说明的是,本节对霰和冻滴未加以区分,将它们统称为霰。模式控制方程组如下。

$$\frac{\mathrm{d}u}{\mathrm{d}t} + c_p \bar{\theta}_v \frac{\partial \pi}{\partial x} = D_u \tag{4.1}$$

$$\frac{\mathrm{d}v}{\mathrm{d}t} + c_p \bar{\theta}_v \frac{\partial \pi}{\partial y} = D_v \tag{4.2}$$

$$\frac{\mathrm{d}w}{\mathrm{d}t} + c_p \bar{\theta}_v \frac{\partial \pi}{\partial z} = g\left(\frac{\theta'}{\theta} + 0.608 q'_v - (q_C + q_I + q_R + q_S + q_G + q_H)\right) + D_w \tag{4.3}$$

$$\frac{\mathrm{d}\pi}{\mathrm{d}t} + \frac{\bar{c}^2}{c_p \bar{\rho} \bar{\theta}_v^2} \frac{\partial \bar{\rho}\bar{\theta}_v u_j}{\partial x_j} = -\frac{R_d}{c_v}\pi \frac{\partial u_j}{\partial x_j} + \frac{c^2}{c_p \theta_v^2} \frac{\mathrm{d}\theta_v}{\mathrm{d}t} + D_\pi \tag{4.4}$$

$$\frac{\mathrm{d}\theta}{\mathrm{d}t} = S_\theta + D_\theta \tag{4.5}$$

$$\frac{\mathrm{d}q_\varphi}{\mathrm{d}t} = S_{q_\varphi} + D_{q_\varphi} + \frac{1}{\bar{\rho}} \frac{\partial}{\partial z}(\bar{\rho} q_\varphi V_\varphi) \tag{4.6}$$

$$\frac{\mathrm{d}N_\varphi}{\mathrm{d}t} = S_{N_\varphi} + D_{N_\varphi} + \frac{1}{\bar{\rho}} \frac{\partial}{\partial z}(\bar{\rho} N_\varphi V_\varphi) \tag{4.7}$$

$$\frac{\mathrm{d}X_s}{\mathrm{d}t} = S_{X_s} + D_{X_s} \tag{4.8}$$

式中,u、v、w 为速度分量,π 是无量纲气压的扰动量,θ 是位温,q_φ 代表水汽和6种水物质的质量混合比,N_φ 代表水滴、冰晶、雪、霰和冰雹的比浓度,X_s 为碘化银的比含量。D 代表次网格尺度混合项,式(4.5)—(4.8)中 S 代表源汇项。V_φ 为水物质的下落末速度。其余都是常用符号。

4.1.2 数值模拟结果分析

(1)自然云的数值模拟

研究个例是2004年7月8日下午发生在安徽北部的一次强对流过程。当日下午,安徽亳州和阜阳多地遭受雷雨大风和冰雹的袭击,个别乡镇观测到的最大冰雹直径达到 5 cm,地面最大风速超过 20 m/s。据当日 08 时(北京时)阜阳站的探空(图 4.1)显示,对流风暴发生前大气层结不稳定,其 CAPE 值达到 1220 J/kg,有利于对流的发展。整层大气较干,近地层最大相对湿度76%,水汽混合比 15 g/kg。风廓线显示低层为东南风,随着高度增加风向顺时针旋转逐渐变为西北风,0～6 km 垂直风切变值约为 13 m/s。根据探空初步估计的抬升凝结高度为 900 m,该层温度 18℃左右,0℃位于 4.3 km 高度上。该例对流云属于暖云底对流云(陈宝君等,2015)。

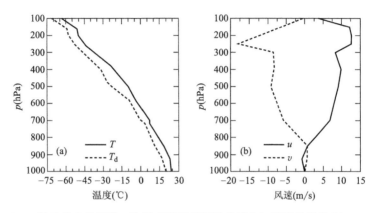

图 4.1　2004 年 7 月 8 日安徽一次强对流过程层结曲线(a);环境风廓线(b)

模拟域水平范围取 35 km,垂直 18.5 km,水平和垂直格距分别取 1 km 和 0.5 km。时间积分采用时步分离技术,大时步取 10 s,小时步取 2 s。采用模拟域随风暴质心移动的技术以确保模拟风暴始终处于模拟域内。初始对流采用湿热泡扰动方式激发,扰动中心位于模拟域中央 2 km 高度上,扰动范围水平 16 km、厚度 4 km,中心最大位温偏差 1 K。积分时间 6000 s即 100 min。图 4.2(彩)给出了模拟风暴在 30 min 和 90 min 时沿 x-z 剖面(西—东方向)的合肥雷达回波强度分布,与实测的雷达回波(图 4.3(彩))比较可以看到,除了回波高度略有偏低以外,模拟风暴在成熟和减弱阶段的回波结构和强度与实际风暴基本一致,说明模式对本例对流风暴的模拟是比较成功的,模拟结果较可信(Chen et al.,2014)。

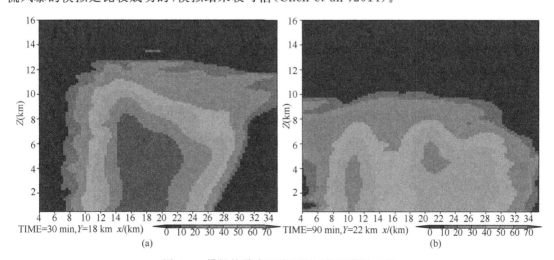

图 4.2　模拟的雷达回波(dBz)(另见彩图 4.2)

(a) 30 min;(b) 90 min 在 x-z 剖面(西—东方向)的分布

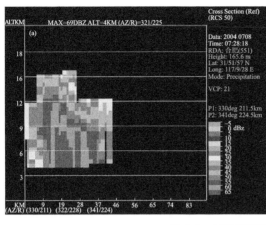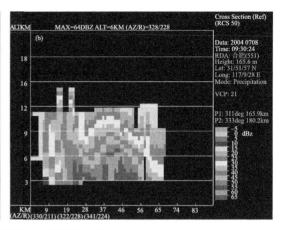

图 4.3　雷达实测回波图(另见彩图 4.3)

(a) 07：28；(b) 09：30

　　上升气流速度是表征对流发展强度的一个重要参量。图 4.4 给出了云中最大上升气流速度值随时间的变化。在初始扰动的作用下对流迅速发展,10 min 后上升气流速度就超过了 15 m/s,并在 18 min 达到最大值 36 m/s,此后对流快速减弱。25~40 min 期间,最大上升气流维持在 17 m/s 左右。40 min 之后对流继续减弱,到 50 min 时最大上升气流速度降低到只有 10 m/s,之后又逐渐增大,预示着对流再次发展。与前一阶段相比,第二阶段对流强度相对较弱,最大上升气流速度只有 20 m/s,出现在 78 min,此后对流逐渐减弱。至模拟结束时,最大上升气流速度降低到 7 m/s。为进一步说明模拟对流发展演变情况,图 4.5(彩)给出了速度值超过 10 m/s 的上升气流区体积随时间和高度的变化,可以清晰地看出,对流先后经历了两次发展演变过程,第一阶段(10~40 min)的对流发展强盛,不但上升气流速度大,而且上升气流区的水平和垂直范围也很大;第二阶段(60~90 min)对流发展相对较弱,上升气流区范围较小、发展高度也较低。而在过渡期间(40~60 min),由于处在前一阶段对流减弱和后一阶段对流发展前期,因而上升气流区范围很小。

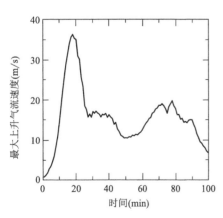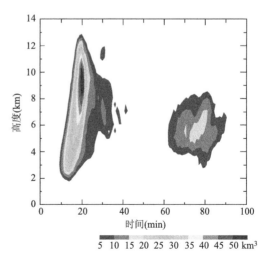

图 4.4　最大上升气流速度值的时间演变

图 4.5　速度值超过 10 m/s 的上升气流区体积(单位:km³)随时间和高度的变化(另见彩图 4.5)

　　考察云系不同发展阶段云中水成物的分布,模拟风暴从对流单体向多单体云群的演变过程。在云发展的初期,云中以上升运动为主,霰、冰雹和雨水主要分布在0℃层以上。随着时间推移,霰和冰雹这些大冰粒子下落到暖区融化形成雨水,部分降落至地面形成固态降水,这些降水性水成物的下落增强了低层的下沉气流,并在环境风切变的作用下,激发和促进了主对流风暴两侧新单体的形成和发展,模拟风暴也从最初的单泡对流发展演变成为多单体对流,其低层以下沉运动为主,中上层则以上升运动为主。在模拟后期,云中已不存在有组织的上升和下沉运动,水成物的含量也很小。自始至终,冰晶和雪都分布在高层8～11 km的区间上。通过对云中各种水成物的质量百分比计算表明,平均而言,云水在风暴总质量中所占的比例为22.7%,雨水23.2%,冰晶7.1%,雪10.0%,霰29.0%,冰雹7.9%,总体上冰相与液相所占比例约为1:1。

　　对流风暴产生的降水以雨为主,占地面总降水量的78%,其次是冰雹占20%,霰的比例很小只有2%左右,地面无降雪。第一阶段和第二阶段(以60 min为分隔点)所产生的降雨(雹)量对整个地面总降雨(雹)量的贡献分别为47%(70%)和53%(30%)。为了解雨和冰雹形成的微物理机制,图4.6给出了雨和冰雹主要源项微物理过程的质量转化率,各项给出的均为不同时刻的云体空间积分量。总体来看,雨水质量最主要的贡献项是雨滴碰并云滴增长,平均贡献率达到81.7%,其次是霰的融化贡献了10.7%,冰雹融化和云雨自动转化对雨水的贡献相对较小,为2.8%和3.7%,其他过程例如霰和冰雹碰撞水滴甩脱以及雪花融化对雨水的贡献微乎其微。通过计算微物理过程对雨滴浓度的贡献,结果表明云雨自动转化是本例雨滴最主要的产生机制,平均贡献达到67%,霰的融化和霰碰撞水滴脱落过程分别贡献18%和9%,雹的融化贡献率还不到4%。然而,云雨自动转化所产生的雨滴只占雨滴总质量的19%,霰和雹融化所产生的雨滴虽然数量相对较少,但对雨滴总质量的贡献却达到57%和16%。这说明,尽管大部分雨滴来自云雨自动转化过程,但该过程产生的都是小雨滴;霰和雹融化的雨滴虽然相对较少,但产生的都是大雨滴。

　　冰雹由霰转化而来,这一过程对冰雹总质量的贡献达到67.3%。霰粒子主要来自冰雪晶自动转化,雨滴冻结对霰浓度的贡献只有27%,但在20 min前霰粒子几乎全部由雨滴冻结产生,20 min之后主要由雪晶自动转化而成。尽管由雨滴冻结产生的霰粒子数量相对较少,但对霰粒子总质量的贡献却达到41%,说明产生的是相对较大的霰粒子,故而分布在较低的高度上(5～10 km),冰雪晶转化的霰粒子数量多,但粒子小,并且主要分布在较高的层次上(8 km以上)。冰雹在形成后主要依靠碰冻云水和雨水增长,两者的贡献率分别为28.6%和2.7%,相比之下,其他过程对冰雹的贡献很小。所有雨和冰雹的源项微物理过程在50 min前后都经历了减弱和再次增强,表现出与对流强度(图4.6)一致的变化趋势。

　　(2) 人工催化数值模拟试验

　　以"三七"聚能炮弹为例,试验碘化银(AgI)对本例对流云宏微观结构、微物理过程和降水的影响。该型弹的成核率如下:

$$
N_a(\Delta T) = \begin{cases} 0 & \Delta T < 4 \\ 1 \times 10^6 \exp(-0.009\Delta T^3 + 0.324\Delta T^2 - 1.90\Delta T + 4) & 4 \leqslant \Delta T < 18 \\ 5 \times 10^5 \exp(-0.009\Delta T^3 + 0.324\Delta T^2 - 1.90\Delta T + 4) & 18 \leqslant \Delta T < 20 \\ 9.9 \times 10^{15} & \Delta T \geqslant 20 \end{cases} \tag{4.9}
$$

式中，$N_a(\Delta T)$代表温度 T 条件下每克碘化银生成的冰核数目，单位是 g^{-1}，$\Delta T = (T_0 - T)$ 且 $T_0 = 0℃$。考虑三种碘化银粒子的成核机制，即由于布朗运动和惯性碰撞而发生在人工冰核与云、雨滴之间的接触冻结核化，以及水汽在人工冰核上的凝华核化（包括凝结-冻结核化）。在碘化银的成核作用下，云中水成物的浓度发生变化，相应的过程是：云滴冻结成冰晶、雨滴冻结成霰、水汽在人工冰核上凝华成冰晶。

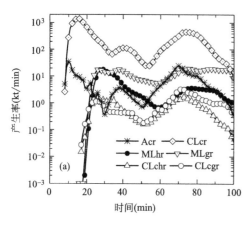 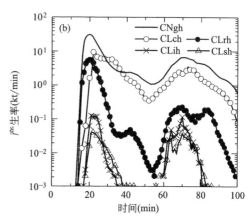

图 4.6 (a)雨水源项微物理过程产生率随时间变化；(b)冰雹的源项微物理过程产生率随时间变化。
各项符号意义如下：Acr，云雨自动转化过程；CLcr，雨水碰并收集云水；MLhr，冰雹融化成雨；
MLgr，霰融化成雨；CLchr，冰雹碰撞收集水滴时甩脱的雨水；CLcgr，霰碰撞收集水滴时甩脱的
雨水；CNgh，霰自动转化为冰雹；CLch，冰雹碰冻云水；CLrh，冰雹碰冻雨水；
CLih，冰雹碰撞收集冰晶；CLsh，冰雹碰撞收集雪

模式中碘化银比含量的源项用一矩形空间内均匀分布的碘化银粒子初始浓度来表示，并假定催化剂是以点源方式瞬间释放到云中。催化的水平范围是 $3 \times 3 \ km^2$、厚度 $0.5 \ km$。催化时间定在第 11 min，此时云顶高度 6.5 km，云顶温度 $-14℃$，冰晶刚产生，云内最大上升气流速度 18 m/s，位于 4 km 高度。考虑到催化剂在云中的扩散受到气流的影响，为了使催化剂能有效进入云体，选择主上升气流区 4 km 高度进行催化，同时也进行不同催化剂量的试验，其中，最小催化剂量为碘化银 90 g，最大催化剂量为 2700 g。图 4.7 显示了地面总降雨量和降雹量的变化。可见，所有催化试验都导致地面总降雨量增加、降雹量减少，增雨率为 14%～62%，减雹率 25%～35%。由图还可以看出，增雨

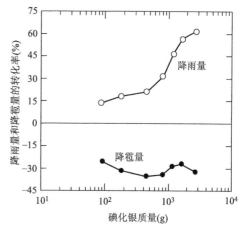

图 4.7　不同碘化银剂量情景下地面
总降雨量和降雹量的相对变化

率随着播撒量的增加而增大，而减雹率则呈现出先增大后减小的趋势。

下面选取增雨率最大的试验（碘化银播撒量 2700 g，增雨率 62%，减雹率 32%）分析催化对云微物理和动力过程的影响机制。60 min 以前云中流场结构并没有发生明显的变化。但 60 min 之后，催化云和自然云的流场结构出现明显差异，主要表现在催化云的前部是组织性

的倾斜上升气流,后部是下沉气流,这种上升-下沉运动共存的机制使得云系能够维持更长的时间,发展得也更高。自然云在后期云中主要以下沉运动为主,因而使风暴很快减弱。雹的含量在催化后的很长时间内都是减小的,但在 90 min 以后有所增加。

　　水凝物质量的变化直接影响到下沉气流。图 4.8 给出了下沉气流质量通量 $\int \rho_a w^- \, \mathrm{d}A$ 在催化后的变化,其中 ρ_a 是空气密度,w 是下沉气流速度,A 是面积。40 min 前,下沉气流通量没有发生明显的变化,40~70 min 期间下沉气流通量明显增加,尤其在低层,70 min 后低层通量仍是增加的,但中层的有所减少。从模拟域最大值随时间变化(图 4.9)也可以看出,下沉气流速度在 40~70 min 期间增大较明显,对应的上升气流速度有所减小。70 min 之后,最大上升气流速度在催化后明显增大,这是前期增加的下沉气流质量通量增强了低层辐合,因而促进了二次对流的发展。注意到,从催化结束到对流明显二次增长,期间经历了相当长(大约60 min)的时间,这是因为降水性水成物的形成和增长需要足够的时间来完成,其对下沉气流和上升气流的影响是一个慢过程,自然不如催化剂的直接作用(水汽凝华、水滴冻结)引起的潜热释放对上升运动的促进来得快,但其作用时间更长、效应更显著。

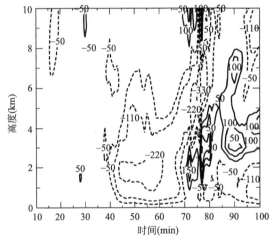

图 4.8　下沉气流质量通量(单位:10^6 kg/s)
在催化后的变化(负值表示增加,正值表示减少)

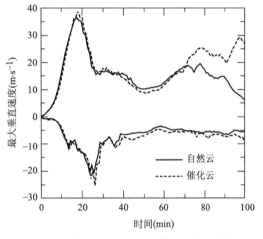

图 4.9　最大上升气流和下沉气流速度随
时间变化

　　催化对上升气流的影响也改变了入云的水汽通量。图 4.10 给出了催化云和自然云垂直向上的水汽通量的差,由 $\int \rho_a w^+ q_v \, \mathrm{d}A$ 计算所得,其中 ρ_a 是空气密度,w^+ 是上升气流速度,q_v 是水汽质量混合比,A 是面积。40 min 以前,由于上升气流轻度减弱,使得进入云体的水汽通量略有减少,而在 40 min 以后,中低层的水汽通量明显增加,特别是 80 min 后。这些增加的水汽在上升气流区凝结,导致催化云拥有更多的云水含量,因而促进了云雨自动转化及雨水碰并云水增长过程。

　　图 4.11 给出了催化后冰雹和雨水主要的源项微物理过程产生率随时间的变化,与图中过程相比变化很小的项没有给出。由图可见,15~75 min 期间,冰雹的形成(CNgh)和增长过程(CLch、CLrh)在催化后都有所减弱(图 4.11a),尤其霰向雹的转化过程。这是由于霰粒子的数量在催化后大量增加,对过冷水产生了竞争机制,碰冻增长受到限制因而转化成冰雹的量减

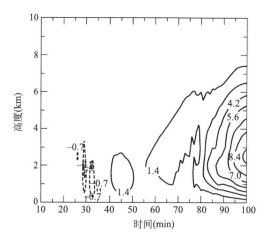

图 4.10　云中垂直向上的水汽通量(单位:10^6 kg/s)在催化后的变化和分布

少;正是由于冰雹的形成过程受到了抑制,从而也削弱了其碰冻收集过冷云水和雨水的进一步增长。换句话说,正是竞争机制导致了这一时段的冰雹在催化后减少。75 min 之后,霰转化成冰雹以及冰雹碰冻过冷水的增长都有所增强,这是对流强度和液态水含量增加从而促进了碰并增长过程。

　　再来看雨水产生率的变化。由图 4.11b 可见,催化主要影响到三个源项微物理过程:雨水碰并收集云水(CLcr)、云雨自动转化(Acr)以及霰融化成雨(MLgr)。15~30 min 期间,CLcr 在催化后明显减弱,这是因为碘化银及催化增加的冰雪晶和过冷雨滴碰撞,在增加霰粒子的同时也减少了过冷雨滴的量,因而抑制了雨滴对云滴的碰并收集增长。伴随 CLcr 的减弱,过冷云水的含量增大,使得过冷区云雨自动转化得到增强。相比之下,暖区内的云雨自动转化和碰并增长受催化的影响较小。30 min 以后,来自霰融化的雨滴数增加,从而显著增强了暖区的 CLcr 过程。60 min 以后,伴随着对流的二次发展和增强,暖区和过冷区的 Acr 都增强,同时来自霰融化的雨滴也增加,从而使得 CLcr 量继续增加。总体来看,催化对雨水源项微物理过程的影响,前期主要在过冷区,中期在暖区,而后期暖区和过冷区都受到了影响。可以说,催化增强的暖雨碰并过程是导致本例雨水增加的最重要机制。

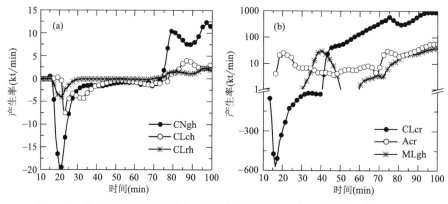

图 4.11　催化引起的(a)冰雹和(b)雨水源项微物理过程质量产生率的变化。
图中各项符号意义同图 4.6。正值表示催化使得该过程增强,负值则表示催化后该过程被减弱

　　图 4.12 给出了催化云和自然云的地面降雨量和降雹量随时间的变化。25 min 之前（即催化开始的 15 min 内），催化云和自然云的地面降水并没有明显的差别；25 min 之后，地面降雨和降雹均出现较大变化。总体来说，40 min 之前地面降雨量因催化而有所减少，之后降雨量有所增加。注意到降雨量增加发生在两个时段，第一个时段在 40～60 min，第二个时段在 60 min 之后。地面降雹量在很长一段时间里（约 60 min）都是减少的，但在后期则开始增加，只不过与前期减少的量相比后期增加的量较小，因而导致最终的降雹量在催化后减少。

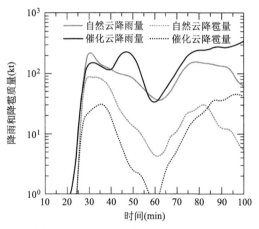

图 4.12　自然云和催化云地面降雨量
和降雹量随时间变化

　　地面降水分布型态也在催化后发生改变。图 4.13 和图 4.14 分别给出了自然云和催化云累积降雨量和降雹量在地面的分布情况。尽管地面降雨都呈现出相似的分布型态，但催化云的雨区范围明显要比自然云大，尤其是 10 mm/h 以上的雨区（图 4.13a 和图 4.14a）。注意到主降雨区南北两侧的雨区范围和强度在催化后都有所增大。催化对地面降雹分布的影响也很明显。由图 4.14b 和图 4.14b 可见，虽然主降雹区的冰雹在催化后显著减少，但其南侧的降雹却有所增加，而在其北侧又新出现了一个降雹区。这些结果表明，催化不仅影响了地面降水量的大小，也改变了降水的空间分布。

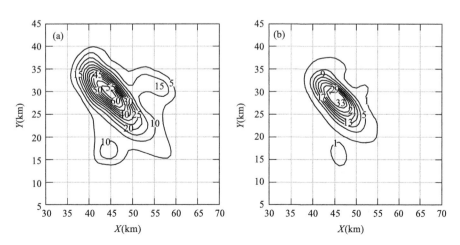

图 4.13　自然云地面累积降水量（(a) 雨；(b) 冰雹，单位：mm/h）的分布

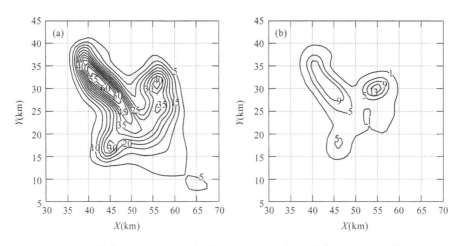

图 4.14　催化云地面累积降水量((a) 雨;(b) 冰雹,单位：mm/h)的分布

(3) 小结

本研究利用三维对流云模式,模拟研究了江淮夏季一例对流云的宏微观结构特征和降水形成的微物理过程,探讨了碘化银催化可能引发的云微物理和动力效应,结果如下。

1)对流风暴经历了两次发展演变的过程。第一阶段以单体为主,发展较为强盛,由模式初始扰动激发;第二阶段对流较弱,呈现多单体形式,由下沉气流和低层环境风切变相互作用产生。模拟风暴产生的降水以雨为主,占地面总降水量的78%,其次是冰雹占20%,雹的比例很小只有2%,无其他类型降水。第一阶段和第二阶段产生的降雨(雹)量对整个地面总降雨(雹)量的贡献分别为47%(70%)和53%(30%)。

2)风暴中冰相与液相的质量百分比接近1:1,说明冰相在江淮暖底对流云的发展演变中有着重要作用。在所有冰相物质中,雹的比例最高,占冰相总质量的56%,其融化是大雨滴的重要来源,产生的雨滴分别占雨滴总数量和总质量的18%和57%。云雨自动转化对雨滴总数量和总质量的贡献分别为67%和19%。冰雹由雹转化而成,主要通过碰冻云水而增长。雹主要通过冰雪晶自动转化产生,雨滴冻结产生的雹粒子分别占雹总数量和总质量的27%和41%。

3)对流发展初期在主上升气流区进行的催化试验表明,播撒碘化银能够同时获得增雨和减雹的正效果,增雨率和减雹率分别为14%~62%和25%~35%,且增雨率随着播撒量的增加而增大,而减雹率则是先增大后减小。

4)催化产生了明显的微物理和动力效应,并使地面降水分布改变。催化增加的雹粒子通过竞争机制抑制了前期冰雹的形成,但增强了向雨滴的转化(通过融化机制),从而导致第一阶段的冰雹减少和雨增加,并使下沉气流增强;在低层环境风切变的作用下,增强的下沉气流促进了二次对流的发展,使入云的水汽通量增大,继而云水含量增加,后期的云雨自动转化及碰并增长而造成对流增强,从而导致第二阶段的雨和冰雹增加。

4.2　江淮对流云催化个例数值模拟

4.2.1　三维准弹性对流云模式介绍

由于 AgI 的成冰效率与温度和过饱和度密切相关,为了更好地模拟作业情况,在模式中改用隐式格式对过饱和度进行预报。由于过饱和度在很大程度上取决于云滴的凝结蒸发过程,所以在模式中增加了云滴数浓度和云凝结核数浓度两个参数。

(1)云微物理过程

云微物理根据对流云中水的相态、形状、比重等将水分成 6 种,即水汽 Q_v、云水 Q_c、雨水 Q_r、冰晶 Q_i、霰 Q_g 和雹 Q_h,云滴、雨滴、冰晶、霰、雹的比浓度 N_c,N_r,N_i,N_g,N_h。

物理考虑了 26 种主要微物理过程,即冰、雨、云、霰的凝结(华)和蒸发 S_{vi}、S_{vr}、S_{vc}、S_{vg};冰、霰、雹、雨对云滴的碰并(C_{ci}、C_{cg}、C_{ch}、C_{cr});雨滴和冰晶的碰并(C_{ri}、C_{ir})霰、雹碰并雨滴(C_{rg}、C_{rh});霰、雹碰并冰晶(C_{ig}、C_{ih});冰晶的核化、繁生(P_{vi};P_{ci});云雨转化(A_{CR});冰霰转化(A_{ig});霰雹转化(A_{gh});雨冻结成霰(M_{rg});霰、雹、冰融化成雨(M_{gr}、M_{hr}、M_{ir});冰晶相并(C_{ii});雨滴相并(C_{rr});雹的湿增长极限(C_{wh});$T > T_0$ 时,冰晶被碰并融化在雨滴中,$T < T_0$ 时,冰晶碰并雨滴后雨滴冻结成霰。

模式 $T > 273$ K 时,雹碰并的云滴将不能冻结而同雹块上融化的水一起从雹上"流散"成次生雨滴;雨碰并的冰晶将使雨滴长大。当 $T < 273$ K 时,雨滴碰并冰晶后将冻结成霰,雨滴碰到霰使霰长大。kk 是冰雹增长状态的指标,当 $C_{ch} + C_{rh} \leqslant C_{wh}$ 时,冰雹处于干增长,$kk = 0$,被碰并的云滴和雨滴冻结成雹;当 $C_{ch} + C_{rh} > C_{wh}$ 时冰雹处于湿增长,$kk = 1$,被碰并的云雨滴中只有一部分(C_{wh})冻结,其余成为水膜。假定这些水膜将从雹上流散成为次生雨滴,其平均质量为 Q_{h0},湿增长时流散雨滴的体积平均直径为 1.4 mm,即 $Q_{h0} = 1.47 \times 10^{-3}$ g。雨滴最小直径取 0.2 mm,即 $Q_{r0} = 4.19 \times 10^{-6}$ g。冰晶最小直径取 3 μm,即 $Q_{v0} = 10^{-10}$ g。次生冰晶的平均直径取 10 μm,即 $Q_{i0} = 10^{-9}$ g。

(2) AgI 成核机制

凝华核化;

1)凝结冻结核化;

2)接触冻结核化;

3)浸没冻结核化。

(3)雷达回波计算

$$Z_i = 34.7 + 16.5 \times \log_{10}[(Q_i + Q_g + Q_h) \times \rho]$$
$$Z_r = 42.2 + 16.8 \times \log_{10}(Q_r \times \rho)$$
$$Z = Z_i + Z_r$$

(4) 过饱和度的计算

一般的积云模式在计算凝结蒸发过程时采用瞬间凝结的方法,即假定过饱和度为 0,把水汽含量超过饱和水汽含量的部分直接凝结、凝华。虽然这能使计算简化,但这种假定不能正确描述三相共存时的贝吉龙过程和上升气流中高过饱和度下的凝结过程,所以在积雨云微物理模式中用过饱和度计算凝结率和冰晶凝华率。在本模式中,考虑到冰核及人工冰核的活化是

过饱和度 S_w、S_i 的函数,AgI 的凝结冻结核化的过程是温度和过饱和度的函数,所以在模式中要以过饱和度为参数计算核化率,小时步虽然保证了计算的稳定和精确但核化、凝结过程全部用小时步计算费时过多,所以改用采用隐式格式计算过饱和度,时间步长采用一般的时间步长。

4.2.2　对流云模式个例的模拟

由于使用 08 时探空资料,研究对流的发展将其订正到午后。白天的增温使边界层趋于中性层结即干绝热状态,所以模式在求出自由对流高度后按 γ_d 订正云下各层的温度。由于云下各层往往在达不到干绝热前即可发展对流。所以试验了 $\gamma_d = 0.0098$、0.0095、0.0093 对计算结果(降水强度)的影响,并选择了比较适中的 $\gamma_d = 0.0095$。模式中对流是采用热湿泡启动的(直径 5 个格点,高度 1～2 层,从中心向外以 $\cos^2(\pi r/2R)$ 的比例减弱)通过不同温度不同湿度的敏感性试验发现本模式对湿度的敏感性较强,对温度不敏感。所以模式选择 $C_h = 2$,$C_q = 0.9$ 进行模拟。

选取白天增温订正参数 $\gamma_d = 0.0095℃$ 对探空进行订正温度,模式积分范围 $80 \times 80 \times 30$,水平格距为 1200 m,垂直格局 700 m,云发展时间 90 min,采用湿热泡启动,直径为 5 个格点,高度为 2 个格点,从中心向外以余弦函数递减,选取中心点增温值 $C_h = 2℃$ 和相对湿度值 $C_q = 90\%$,积分时间 2 s,数据输出间隔为 3 min。主要模拟了 2013 年的 7 月 17—20 日和 7 月 31 日,共 5 个个例。催化方案:选择在云发展时期的最大过冷云水处、最大回波处,最大上升气流处以及最大雨水处进行催化试验。

(1)个例模拟

7 月 17—20 日副高偏东,安徽省一直处在副高外围 584～586 dagpm 附近,淮北北部多处在雨带边缘,有阵雨或雷雨;其他地区以晴到多云天气为主,多午后局地短时强降水等对流性天气,7 月 31 日为一次飑线过程。

(2)2013 年 7 月 17 日个例的模拟

1)自然降水过程模拟

午后,安徽省江淮之间西部至淮北东北出现一条东北—西南向多对流单体群组成的回波带,最强回波 50 dBz 左右。以阜阳 58203 08 时探空资料输入模拟,进行对流云模拟。云底高度在 1016.33 m,云底温度 $TC = 22℃$,格点最大累计雨量 38 mm,地面累计雨量达 4424 kt。根据预定模拟催化方案催化结果见表 4.1 所示。

模拟雷达回波发展情况结合各微物理量特征得出:初始回波于 18 min 出现在高度 4～7 km,最大强度 35 dBz,温度 12～−7℃,回波的形成主要是云水和雨水,极少量的冰晶和霰,回波在移动的过程中向上、向下发展,此时最大云水量为 4.87 g/m³,雨水比含量为 1.52 g/m³。最大上升气流 14 m/s。云发展 24 min 时,回波及地,地面出现少量降水,云体中为上升气流。此时最大云水量为 4.09 g/m³,雨水比含量为 6.5 g/m³,云顶高度达到 11.9 km,最大上升气流 18 m/s,同时云中有冰晶、霰、雹生成,冰晶最大比质量为 0.0074,比浓度已经达到 591890 个/m³,霰最大比质量达到 5.51 g/m³,冰雹比质量为 0.026 g/m³,云中存在大量的过冷云水,最大雨水量在 4.2～6.3 km 处。云发展 30 min 时,云水在垂直方向的分布出现穹窿结构,最大上升速度达到 19 m/s。33 min 时,强回波中心出现下沉气流,云水雨水比质量明显减少,霰量达到 11.92 g/m³。36 min 时云发展最旺盛,雨水比浓度达到 10984107 个/m³,云水比质量为 3.6 g/m³,云顶高度达到 15.4 km,此后降水主要以冷云过程为主。42 min 以后,云体开始消亡。

2)引晶催化试验

为了检验冷云催化剂在云中的作用,先尝试不同时间、不同位置在云中增加冰晶来了解冰晶对云中微物理过程和各种降水粒子分布以及可能产生的降水效果,如表 4.1 所示。本个例在云发展 15~24 min,播撒 $3\times10^6\sim5\times10^7$ 个/m³ 均能取得增雨效果,其中从播撒剂量 3×10^7 个/m³ 不同位置不同时间的对降水效果的影响来看,在 Maxqr(最大雨水含量)位置播撒增雨效果最好,时间上在 21~24 min 效果最好。

表 4.1　2013 年 7 月 17 日不同时间、不同位置向云中播撒催化剂对云和降水的影响(表中 x,y,z 为格点数,为无单位量;不同浓度下的两行数据分别为:地面总雨量,单位:kt,格点累计雨量,单位:mm;Maxw 是最大上升速度;Maxzr 是最大雷达反射率;Maxqc 是最大云水含量;Maxqr 是最大雨水含量)

最大上升速度位置催化									
时间 (min)	x	y	z	Maxw (m/s)	3×10^6 个/m³	5×10^6 个/m³	3×10^7 个/m³	5×10^7 个/m³	3×10^8 个/m³
9	41	41	5	4.55	4428.73	4429.24	4495.09	4502.13	4280.13
					38.85	38.76	37	34.92	271.8
12	41	43	6	6.36	4401.99	4401.64	4416.04	4440.70	4336.5
					38.7	38.67	39.01	38.94	32.69
15	43	43	6	9.23	4464.78	4485.11	4537.59	4498.70	4344.25
					39.02	39.19	36.0	34.27	27.98
18	43	43	7	12.49	4481.58	4496.72	4537.32	4484.01	4212.62
					38.68	38.14	32.46	30.9	27.41
21	43	44	9	16.15	4519.67	4552.94	4567.89	4546.52	4281.91
					38.05	37.49	31.98	30.49	27.95
24	43	44	10	18.1	4497.06	4516.35	4521.92	4463.85	4207.24
					36.81	35.55	30.72	28.82	26.91
27	43	44	12	18.16	4422.51	4393.11	4470.72	4407.82	4162.90
					33.8	31.94	29.85	29.2	28.05
30	44	45	11	19.11			4464.09		

最大雷达反射率位置催化									
时间 (min)	x	y	z	Maxzr (dBz)	3×10^6 个/m³	5×10^6 个/m³	3×10^7 个/m³	5×10^7 个/m³	3×10^8 个/m³
15	42	44	7	30.63	4442.60	4446.36	4481.71	4470.52	4389.71
					39.21	39.03	37.94	37.43	31.03
18	43	44	7	50.44	4532.4	4572.27	4544.62	4502.6	4339.91
					38.76	38.13	32.94	31.44	28.34
21	42	46	8	52.64	4526.77	4463.63	4581.70	4522.45	4127.35
					37.72	34.85	31.55	30.47	28.24

时间 (min)	x	y	z	Maxzr (dBz)	3×10^6 个/m³	5×10^6 个/m³	3×10^7 个/m³	5×10^7 个/m³	3×10^8 个/m³
24	43	45	8	55.35	4614.3	4647.17	4551.18	4524.61	4243.01
					36.83	35.97	28.76	28.47	27.38
27	43	47	7	56.06	4556.77	4611.29	4510.40	4460.90	4295.8
					36.14	35.13	31.93	31.11	29.95
30	44	46	7	56.32			4413.69		
							30.32		

最大云水含量位置催化

				Maxqc (g/kg)	3×10^6 个/m³	5×10^6 个/m³	3×10^7 个/m³	5×10^7 个/m³	3×10^8 个/m³
9	41	43	6	2.01	4421.44	4428.82	4482.94	2779.77	4382.95
					38.73	38.6	37.97		32.74
12	42	43	6	3.69	4440.94	4451.09	4509.46	4475.92	4397.38
					38.28	38.77	38.45	37.08	30.63
15	42	43	7	5.45	4440.29	4449.31	4470.03	4480.52	4300.29
					39.11	39.20	37.1	35.67	28.24
18	41	45	9	4.85	4479.05	4473.97	4530.94	4488.5	4180.34
					38.80	38.25	33.69	31.93	27.11
21	43	43	7	4.33	4542.61	4552.14	4511.00	4469.51	4119.85
					37.06	35.06	28.90	27.53	26.59
24	43	44	12	4.07	4540.71	4542.16	4569.96	4498.89	4234.28
					35.1	33.8	29.26	29.19	27.61
27	43	44	14	4.4	4453.74	4446.67	4505.23	4439.16	4471.39
					34.44	33.61	32.18	30.86	29.92

最大雨水含量位置催化

				Maxqr (g/kg)	3×10^6 个/m³	5×10^6 个/m³	3×10^7 个/m³	5×10^7 个/m³	3×10^8 个/m³
15	42	44	7	0.27	4433.24	4459.95			
					38.78	39.16			
18	43	44	8	4.18	4490.51	4533.27	4595.96	4527.78	4390.21
					38.95	38.81	34.91	33.25	28.38
21	43	45	9	6.23	4549.96	4578.15	4622.3	4599.91	4370.41
					38.17	37.62	33.57	31.55	28.96
24	43	45	9	8.82	4580.96	4626.2	4590.91	4562.26	4282.24
					37.37	37.15	31.61	29.97	29.97
27	43	47	8	9.36	4541.02	4513.14	4532.95	4516.82	4378.2
					35.93	33.73	32.28	31.89	30.78
30	44	46	7	9.05	4551.54	4560.74	4437.57	4378.64	4170.88
					35.13	34.05	31.06	30.36	28.96

3)催化效果分析

根据表 4.1 结果显示,播撒 3×10^7 个/m^3 浓度的催化剂(根据催化位置计算共播撒催化剂 3×10^{16} 个冰核)可以取得明显的正增雨效果。本个例中在最大雨水处进行播撒可取得明显的正增雨效果。时间上主要考虑在 15~27 min 播撒,最大增雨量 21 min 进行播撒。选取两个试验方案结果与自然云模拟结果对比,云发展 21 min 在 Maxqr 处播撒 3×10^7 个/m^3 催化剂,为方案 1,24 min 在 Maxzr 处播撒 5×10^6 个/m^3 个催化剂,定为方案 2。其中"_-0""_1"和"_2"分别代表自然云、方案 1 和方案 2 的物理量(以下相同),其中 r 代表 3 min 雨量,ccr 云滴碰并成雨,Mhr、Mgr 分别表示雹和霰融水过程,Cii 冰晶的碰并增长过程,smqc1、smqr 表示过冷云水量和雨水量,szr 代表大于 18 dBz 的回波面积。分析降水机制和增雨机制,本个例催化方案 1 和方案 1 催化后雨强先减少后增加,主要通过增加后期降水量达到增雨的目的。从微物理过程分析:催化后云滴碰并成雨的过程 Ccr 稍有增强,但不明显,雹融水(Mhr)过程减弱,霰融水过程先减弱后增强,催化后云中过冷云水(smqc1)明显减少,雨水量明显增加。从宏观的大于 18 dBz 回波面积看,催化后回波面积明显增加,用最大上升气流 Maxw 表示的动力过程来看,催化后降水后期动力过程稍有增加,但不明显。

(3)2013 年 7 月 18 日个例模拟

1)自然降水过程模拟

2013 年 7 月 18 日个例主要是江淮之间北部和沿淮地区分散性的对流单体。最强回波 50 dBz 左右,以阜阳探空(58203)08 时的探空资料输入模式进行模拟,结果模拟云底高度 1500 m 左右,云底温度为 16℃,零度层高度 5100 m 左右,自然降水量达到 $r=3124.49$ kt,最大格点降水量为 40.4 mm。

本个例雷达回波发展情况以及微物理量的变化情况:云发展到 9 min 时,云中云水量达 2.26 g/kg,最大上升速度为 12 m/s,云中少量过冷水。云发展 12 min,最大云水量达到 6.4 g/kg,少量云水和水量的冰晶。15 min,初始回波出现,强中心位于 5~7 km 之间,主要是云水、雨水和少量的霰和冰晶组成,最大上升速度为 25 m/s。云发展 18 min 时,地面出现少量降水。18 min 时,霰量达到 9.5 g/kg,最大云水量达 7.4 g/kg,最大雨水量为 4.3 g/kg,回波顶高约 10.5 km。21 min 时回波及地,地面开始出现明显降水,强回波中心位于 7 km 以下,回波顶高 12 km,最大霰量已达 10.6 g/kg。回波继续发展,至 30 min 时,回波发展最为旺盛期,强回波中心破碎为上下两个中心,回波顶高可达 15 km。33 min 后云体内部出现下沉气流,强回波中心下落,合并增强,并随降水的继续逐渐减弱消亡。

2)催化试验

播撒剂量的选取根据其中两个播撒剂量对降水的影响效果对比,进行选择,催化时间主要考虑从云发展初期到无增雨效果期,基本上都是在云发展 30 min 内有增雨效果。通过在 Maxw、Maxzr、Maxqr 和 Maxqc 处、云发展期间、不同剂量的催化剂试验结果(表 4.2)和播撒 5×10^6 个/m^3 的催化剂在各处播撒效果可以看出:基本在 9~27 min,播撒 5×10^5~3×10^6 个/m^3 催化剂可取得效果,在 Maxqc 和 Maxw 处可取得增雨效果,尤其是在 18 min 前催化可取得明显的效果。后期在 Maxzr 和 Maxqr 催化效果不明显。

表 4.2 2013 年 7 月 18 日不同位置、不同时间、不同催化剂量对降水效果的影响(表中 x,y,z 为格点数，为无单位量;不同浓度下的两行数据分别为:地面总雨量,单位:kt,格点累计雨量,单位:mm)

							最大上升速度位置催化		
时间 (min)	x	y	z	Maxw (m/s)	5×10^5 个/m³	3×10^6 个/m³	5×10^6 个/m³	3×10^7 个/m³	1×10^6 个/m³
9	41	43	5	9.43	3147.36	3110.52	3076.16	2820.6	3142.33
					40.50	40.12	40.85	38.91	40.62
12	41	43	7	15.81	3122.85	3129.46	3092.14	2916.33	3136.73
					40.31	39.65	39.24	37.95	40.11
15	41	43	9	21.74	3153.86	3147.93	3127.62	3040.54	3129.9
					40.0	40.55	40.14	37.07	39.67
18	41	43	12	25.81	3122.36	3105.53	3103.14		3136.3
					40.32	39.2	39.2		40.22
21	43	44	12	28.59	3144.43	3130.0	3124.47	3004.73	3132.22
					41.23	42.10	42.82		41.34
24	42	45	13	27.48	3124.58	3119.89	3136.76	3105.75	3132.33
					40.03	40.0	39.67	39.55	40.38
27	42	45	15	24.94	3125.87	3125.25	3110.39		3125.54
					40.45	40.43	40.05		40.42
30	43	46	14	18.76		3114.31			3118.6
						40.22			40.5

							最大雷达反射率位置催化		
时间 (min)	x	y	z	Maxzr (dBz)	5×10^5 个/m³	3×10^6 个/m³	5×10^6 个/m³	3×10^7 个/m³	1×10^6 个/m³
12	41	43	7	40.51	3147.36	3129.46	3092.14		
					40.50	39.66	39.24		
15	41	44	9	52.07	3129.46	3103.96		2935.41	
					39.75	39.49		40.95	
18	42	46	8	52.74	3095.42	3041.26	3006.68	2842.19	
					39.16	39.49	40.43	40.34	
21	43	46	8	54.96	3100.99	3042.37	2984.2		
					40.36	40.89	40.16		
24	42	46	8	56.71	3093.79	3006.23	2946.88		
					39.14	37.53	36.48		
27	42	46	7	55.41	3109.49	3005.97	2961.61		
					39.8	37.1	36.71		
30	43	47	5	55.17	3089.6	2989.65	2956.62	2822.4	
					40.7	39.70	38.66	38.0	

最大云水含量位置催化									
时间 (min)	x	y	z	Maxqc (g/kg)	5×10^5 个/m³	3×10^6 个/m³	5×10^6 个/m³	3×10^7 个/m³	1×10^6 个/m³
9	41	43	6	4.12	3122.85	3110.52	3076.16	2820.6	
					40.31	40.12	40.85	38.91	
12	41	43	8	7.64	3142.76	3135.06	3112.26		
					39.52	38.8	38.58		
15	41	43	8	7.34	3149.35	3135.66	3142.66	3023.94	
					40.34	39.85	40.39	37.68	
18	41	44	10	7.39	3130.88	3175.02	3181.84	3008.56	
					39.45	37.85	38.65	38.13	
21	42	44	10	7.47	3134.35	3143.41	3134.18	3048.38	
					40.15	41.06	40.78	39.41	
24	42	44	14	3.86	3126.09	3127.95	3119.91		
					40.41	40.17	39.89		
27	43	45	15	2.86	3123.96	3125.08	3124.18		
					40.37	40.51	40.21		
最大雨水含量位置催化									
时间 (min)	x	y	z	Maxqr (g/kg)	5×10^5 个/m³	3×10^6 个/m³	5×10^6 个/m³	3×10^7 个/m³	1×10^6 个/m³
12	41	43	8	7.64	3147.36	3129.46	3092.13		
					40.5	39.66	39.24		
15	41	43	8	7.34	3129.46	3103.96	3082.62		
					39.75	39.49	40.45		
18	41	44	10	7.39	3095.42	3041.26	3006.68		
					39.2	39.49	40.43		
21	42	44	10	7.47	3101.0	3042.37	2984.20	2746.13	
					40.36	40.89	40.16	37.75	
24	42	44	14	3.86	3089.6	3019.12	2962.1		
					38.14	34.87			

3)催化前后各宏、微观物理量对比分析

本个例的降水机制,雨滴收集云水和云雨自动转化是雨水增长初期的最主要机制,其中雨滴碰并云水而迅速长大是早期的最为明显的增雨过程,24 min后霰下落到暖区开始融化,随后霰融水(Mgr)即成为雨水形成的最主要机制,也是后期连续性降水的最主要来源,而雹融水对雨滴形成的贡献一直不大。选取催化效果最好的两个方案:18 min在Maxqc的效果(方案1)和15 min在Maxw的催化效果(方案2)与自然云的结果进行对比,各微、宏观物理过程和物理量变化对比。从雨强的变化来看:方案1前期雨强减少,最大和后期雨强增大,方案2变化不明显。积分过冷云水量降水后期方案1有稍多的消耗,积分雨水量在雨强最强时方案1

稍减在雨强最大时增大的变化趋势。从各段回波面积来看、从各层累计回波面积来看,18 dBz 以上的总面积变化不大,30～50 dBz 的有所增加,50 dBz 以上的面积后期增加明显,这是由于雷达上部强回波中心与下部强回波中心合并增强造成。从微物理过程来看:冰晶碰并成霰的过程,催化方案 1 催化后 3 min 后明显增强,方案 2 作业较早变化不大,从霰融水过程来看也是方案 1 催化后有先减后增的变化趋势。催化方案 2 可能更多地影响了暖云降水过程,还需要进一步讨论。从动力效果来看,两个方案均动力效果几乎无影响。

(4)2013 年 7 月 19 日个例的模拟

1)实况

7 月 19 日午后,淮北西南东北向锋面前暖区雨带向东南移动,雨带前部的沿淮地区有局地对流云多单体生成。强回波为 50 dBz,模拟强回波为 50 dBz。以阜阳探空输入模拟进行模拟,地面总雨量 3044 kt,地面单站最大雨量 34 mm,0℃层高度约在 5000 m,云底高度 1400 m 左右,云底温度为 16℃。

2)模拟雷达发展及其微物理量分布

本探空资料很容易启动对流发展,云发展 9 min 时,云中出现过冷水,15 min 初始回波发展,回波主要是云水、雨水组成,云中最大雨水量、云水量分别是 4.4 g/kg 和 6.9 g/kg,云体中为上升气流。18 min 时,雨水量、霰量增加,云中过冷水明显增加。21 min,回波及地,地面出现降水,霰量达 8.4 g/kg,云体继续向上发展,回波顶高不断增加。至 33 min,云体中上部为明显的上升气流,云体继续向上发展,强回波中心向下发展,36 min 时,云体上部弱上升气流,大部分为下沉气流,雨水主要是霰在暖区融化造成,云体开始趋于消亡。

从形成降水的主要四种物理机制来看:主要是前期的云雨自动转化和云滴的碰并增长,后期以霰融水和雹融水为主,云雨的自动转化和雹融水的过程较为微弱。

3)催化试验

在 Maxw、Maxqr、Maxqc 和 Maxzr 处不同时刻、播撒不同剂量的催化剂,试验结果如表 4.3 所示。在 Maxw 处进行催化,基本上 21 min 前,播撒 5×10^5～3×10^6 个/m³ 作业可取得增雨效果,其中 21 min 催化效果最为明显。在 Maxzr 处催化,播撒高度比较一致,21 min 前播撒 5×10^5 个/m³ 可取得增雨效果,Maxqc 处播撒,在 15 min 前播撒 5×10^5～3×10^6 个/m³ 可取得增雨效果,在 Maxqr 处催化,基本上 27 min 前播撒 5×10^5 个/m³ 可取得增雨效果,综上所示,本个例对播撒剂量要求较高,催化时间需要在云发展初期,通过计算需要播播撒冰核 2.2×10^{15}～1.3×10^{16} 个冰核。

表 4.3　2013 年 7 月 19 日不同位置、不同时间、不同剂量的催化试验结果(表中 x,y,z 为格点数,为无单位量;不同浓度下的两行数据分别为:地面总雨量,单位:kt,格点累计雨量,单位:mm)

最大上升速度位置催化									
时间 (min)	x	y	z	Maxw (m/s)	5×10^5 个/m³	3×10^6 个/m³	5×10^6 个/m³	3×10^7 个/m³	3×10^8 个/m³
9	43	43	5	7.87	3087.25	3070.81	3025.35	2880.97	
					33.96	33.62	33.2	29.57	
12	44	43	6	12.46	3063.67	3049.05	3018.67	2869.69	
					34.17	33.54	33.39	30.09	

续表

时间 (min)	x	y	z	Maxw (m/s)	5×10^5 个/m³	3×10^6 个/m³	5×10^6 个/m³	3×10^7 个/m³	3×10^8 个/m³
15	44	43	8	18.49	3059.84	3047.67	3016.04	2900.96	
					34.46	34.59	34.06	31.93	
18	45	43	9	19.69	3043.48	3039.31	3063.47		
					34.91	35.22	32.27		
21	45	44	10	19.52	3067.97	3078.38	3063.47		
					34.44	32.79	32.27		
24	46	44	11	20.04	3035.2	3033.01			
					33.47	3.85			
27	47	45	10	15.82	3048.9	2982.53			
					33.12	29.72			
30	48	45	11	11.62	3042.18	3007.54			
					33.46	32.08			

最大雷达反射率位置催化

时间 (min)	x	y	z	Maxzr (dBz)	5×10^5 个/m³	3×10^6 个/m³	5×10^6 个/m³	3×10^7 个/m³	3×10^8 个/m³
15	45	43	8,	49.99	3053.04	3025.4	2993.69		
					34.37	34.21	33.82		
18	46	45	8	52.72	3078.24	3054.97	3013.3	2885.21	
					33.83	32.97	32.34	30.62	
21	47	44	8	55.45	3069.82	3031.79	2966.78		
					32.90	28.85	28.49		
24	48	45	8	56.2	3066.45	2944.63	2887.92		
					32.71	29.3	28.67		
27	48	46	7	56.2	3029.86	2913.64			
					33.39	31.81			

最大云水含量位置催化

时间 (min)	x	y	z	Maxqc (g/kg)	5×10^5 个/m³	3×10^6 个/m³	5×10^6 个/m³	3×10^7 个/m³	3×10^8 个/m³
9	43	43	6	3.29	3079.4	3068.39			
					33.63	34.11			
12	44	43	7	6.56	3068.57	3064.28			
					34.03	33.93			
15	44	43	10	6.86	3063.22	3062.34			
					34.52	34.35			
18	45	43	9	6.68	3043.5	3039.31		2871.82	2634.78
					34.9	35.33		30.8	27.38

时间 (min)	x	y	z	Maxqc (g/kg)	5×10^5 个/m³	3×10^6 个/m³	5×10^6 个/m³	3×10^7 个/m³	3×10^8 个/m³
21	45	43	9	5.21	3065.86	3026.44	3007.07	2847.5	
					34.6	33.76	32.95	28.84	
24	46	44	10	4.15	3048.55	3030.13	3003.12		
					33.28	30.55	30.24		

最大雨水含量位置催化

时间 (min)	x	y	z	Maxqr (g/kg)	5×10^5 个/m³	3×10^6 个/m³	5×10^6 个/m³	3×10^7 个/m³	3×10^8 个/m³
12	73	64	8	0					
15	45	43	8	4.4	3053.0	3025.4			
					34.4				
18	46	45	8	6.4	3043.5	3039.3			
					34.9				
21	47	44	8	9.3	3071.3				
					33.2				
24	48	45	8	10.3	3066.5	2944.6			
						29.3			
27	48	45	8	9.64	3055.0				
					32.4				

(5)2013 年 7 月 20 日个例的模拟

1)实况

从当天 08 时的天气形势来看,安徽省处于 588~584 dagpm 线之间,三层上低槽位于山东西部到安徽省淮北西部一线。受其影响,江北大部分地区有阵雨或雷雨。雷达图上午后有明显的东北—西南向多对流组成的回波带,最强回波 50 dBz。利用阜阳(58203 站)08 时探空资料输入模式进行模拟,模拟回波也是 50 dBz,模拟得到的自然云云底温度 22℃,云底高度 500 m 左右,总降水量 2779 kt,地面最大雨量为 22 mm。

2)模拟雷达发展及其微物理量分布

从模拟回波分析,探空资料很快启动了对流,15 min 初始回波发展,21 min 回波及地,地面开始出现降水。回波继续发展旺盛,顶高增加,云体内部以上升气流为主,27 min 强回波及地,地面开始明显降水,至 36 min 时,云体下部下沉气流,回波开始减弱。60 min 后回波得到二次发展。

3)催化模拟

根据预定方案进行催化试验,试验结果如表 4.4 所示。从结果可以看出,在 Maxw、Maxqr、Maxzr 以及 Maxqc 处均能取得增雨效果,云发展 24 min 前播撒 $3\times10^6\sim3\times10^7$ 个/m³ 的催化剂量均能取得增雨效果,其中播撒 3×10^6 个/m³ 浓度的冰核可取得较好的增雨效果。

表 4.4 2013 年 7 月 20 日不同位置、不同时间、不同剂量的催化试验结果(表中 x,y,z 为格点数,
为无单位量;不同浓度下的两行数据分别为:地面总雨量,单位:kt,格点累计雨量,单位:mm)

最大上升速度位置催化

时间 (min)	x	y	z	Maxw (m/s)	3×10^6 个/m^3	5×10^6 个/m^3	3×10^7 个/m^3
9	43	43	5	6.63	2831.35	2838.96	2841.34
					21.62	21.67	20.34
12	44	44	6	9.33	2828.77	2836.08	2835.42
					21.55	21.56	20.0
15	45	44	6	12.4	2808.70	2812.6	2783.38
					21.16	20.37	18.55
18	46	45	7	13.76	2815.12	2816.25	2805.2
					21.21	20.58	18.93
21	47	46	7	13.37	2799.38	2791.33	2753.82
					19.64	19.10	18.15
24	48	47	7	12.05	2780.19	2774.37	
					20.43	20.45	
27	49	48	7	9.88	2754.98	2736.22	2690.6
					67.96	21.17	20.49
30	51	49	8	8.36			
33	52	50	8	8.12			

最大雷达反射率位置催化

时间 (min)	x	y	z	Maxzr (dBz)	3×10^6 个/m^3	5×10^6 个/m^3	3×10^7 个/m^3
9	43	41	7	7.79			
12	44	43	7	18.17	2879.71	2797.98	2801.7
					21.53	21.37	18.74
15	45	44	8	43.73	2808.35	2818.0	2810.81
					21.4	21.33	19.19
18	47	45	8	51.45	2811.22	2809.7	2815.64
					21.51	21.4	19.53
21	48	47	7	52.74	2822.85	2822.97	2813.9
					21.44	20.88	19.19
24	49	47	7	54.52	2876.03	2782.08	
					20.98	20.74	

续表

时间(min)	x	y	z	Maxzr (dBz)	3×10^6 个/m³	5×10^6 个/m³	3×10^7 个/m³
27	50	48	6	55.25	2765.58	2758.83	2729.36
					21.92	21.93	21.64
30	51	49	6	55.52			

最大云水含量位置催化

时间(min)	x	y	z	Maxqc (g/kg)	3×10^6 个/m³	5×10^6 个/m³	3×10^7 个/m³
9	44	43	6	2.88	2808.5	2816.7	2835.15
					21.7	21.7	21.2
12	44	44	7	4.89	2827.6		2823.5
					21.6		20.4
15	45	45	8	5.85	2826.97		2837.7
					21.6		20.2
18	46	45	7	5.02	2809.6		2762.9
					20.5		18.0
21	46	45	8	3.48	2767.1		2664.6
					19.2		17.2
24	47	46	8	3.08	2746.5		2655.2
					19.3		18.4
27	49	47	12	2.14			

最大雨水含量位置催化

时间(min)	x	y	z	Maxqr (g/kg)	3×10^6 个/m³	5×10^6 个/m³	3×10^7 个/m³
12	44	43	7	0.05	2803.5		2804.0
					21.6		18.8
15	45	44	8	1.87	2808.3		2810.8
					21.4		19.2
18	47	45	8	5.38	2811.2		2811.2
					21.5		21.5
21	48	46	8	6.27	2816.9		2780.2
					21		18.6
24	49	47	7	7.58	2786.0		2755.7
					20.9		19.9
27	50	48	7	8.17	2762.5		2719.0
					21.9		21.0

(6)2013 年 7 月 31 日个例的模拟

1)观测实况

在 2014 年 7 月 31 日 08 时,低槽位于山东南部、安徽淮北中部至大别山区一线,切变线与低槽位置基本一致。且淮河以南 CAPE 值较大,安庆站为 1337 J/kg,SI 指数为－2.5,有利于对流发展。850 hPa 以下为偏东风,以上由西风转为西南风,风速由 2 m/s 转逐渐增大到 400 hPa 的 10 m/s,700 hPa 以下的低层部分风向风速切变明显,对流层大气温度层结不稳定。

2)模拟

利用定远站的 2014 年 7 月 31 日 13:45 的加密探空资料,温度 $T=2℃$,湿度扰动 $CH=0.9$ 启动模式,模拟总降水量 3374.2 kt,格点最大雨量 52.8 mm,最强回波强度 56 dBz,回波向东北方向移动,云底高度 913 m,云底温度在 23℃。观测实况为,回波在 50 dBz 左右,回波移动方向也是向东北方向移动,结果与实况对比(如表 4.5),从模拟云与周围站实际降水量、回波移动方向和最大回波强度比,与实况比较接近。

表 4.5 自然云模拟结果与实况对比

个例	模拟			实况		
	最强回波 (dBz)	降水量 (mm)	移动方向	最强回波 (dBz)	降水量 (mm)	移动方向
2014-07-31	56	52.8	东北	50 左右	滁州 43.2	东北

3)催化试验

对流云催化方案根据实际作业的情况和以往的研究结果,选择在云发展期不同时刻即在 15 min、18 min、21 min、24 min、27 min、30 min,在最大过冷云水处、最大回波、最大上升气流以及最大雨水处水平方向三个格点,垂直方向两个格点播撒不同浓度的 AgI 催化剂($6×10^5$ 个/kg,$3×10^6$ 个/kg,$5×10^6$ 个/kg,$3×10^7$ 个/kg)进行试验,选取最佳催化结果列表,见表 4.6 所示,其他催化结果略。从所有的催化结果来看,云发展 24 min 时,在最大过冷云水处(方案 1)和最大上升气流处(方案 2)播撒 $3×10^6$～$3×10^7$ 个/kg 催化剂量均能取得正增雨效果,其中在最大过冷云水处播撒 $5×10^6$ 个/kg,增雨 64 kt,取得最大增雨效果,但最大增雨率不到 2%,总增雨量不大。通过对比未催化和方案 1 和方案 2 催化试验 3 min 地面降水雨强看以看出:未催化与催化后的降雨强度变化趋势一致,模拟的自然降水雨强有两个峰值,分别出现在 36 min 和 51 min 时,强度较大,而催化后的第一个峰值后雨强比未催化的开始减少,直至 54 min 后,催化后的雨强开始明显比未催化的较大,直至 81 min 后,催化后的雨强再次小于未催化的雨强,出现先少量减少后增加再减少的催化效果。整个过程来说,催化后最大雨强明显减小,但主降水期延长。催化后的降水面积增大,单点最大雨量减小。

表 4.6 云发展 24 min 时播撒催化剂最佳试验效果

播撒位置(表中 x,y,z 为格点数,为无单位量)			播撒 AgI (个/kg)	总雨量 (kt)	最大格点雨量 (mm)
qc_max	x 取 40～42	y 取 40～42	z 取 12～13	$3×10^6$	3421.9	50.6
				$5×10^6$	3438.2	50.2
				$3×10^7$	3410.6	49.4

播撒位置（表中 x,y,z 为格点数,为无单位量）			播撒 AgI （个/kg）	总雨量 （kt）	最大格点雨量 （mm）
w_max	x 取 40～42	y 取 39～41	z 取 9～10	$3×10^6$	3410.3	50.8
				$5×10^6$	3428.2	50.7
				$3×10^7$	3395.9	49.2

　　为了进一步分析增雨机制,将两种最佳催化方案与模拟自然云在微物理降水机制、动力以及降水方面进行对比分析。从降水形成过程的微物理过程分析,对本个例来说,前期的暖水过程主要是由云滴碰并增长过程,后期以霰和冰雹融水为主,对比自然云和模拟催化试验云可以看出,催化后,前期暖云降水过程没有明显变化,霰、雹融水过程发生明显的变化,主要表现为在 24 min 催化,在 36 min 后开始出现明显变化,霰、雹融水转化率明显减弱,直到 54 min 后霰融水转化率比未催化时较大,这与雨强的变化趋势较为一致,而此后雹融水转化率与未催化无明显变化。由此说明,降水总量的增加主要是通过霰融水微物理过程的变化引起。由催化云和未催化云云中过冷云水、雨水、过冷云水、冰晶、霰、雹总量随时间的变化可以看出,通过播撒增加云中冰核,过冷云水明显减少,霰量增加,雹量减少,过冷雨水变化不明显,雨水总量呈先减少、后明显增加、再次稍减少的变化趋势。由此表明:通过向云中播撒凝结核,使得大量消耗过冷云水,冰晶增大成霰,通过"争食"作用,使得冰雹无法进一步长大,造成云中雹量减少,在 0℃ 层以下霰融水是造成后期雨量增加,降水面积增大的主要原因。这也进一步证实了消雹增雨的贝吉隆过程。通过催化前后最大上升气流（Maxw）的变化分析动力变化,此次催化过程最大上升气流没有变化,说明此个例模拟试验结果没有改变动力效应,只是增加了微物理过程,尤其是中后期的冷云降水微物理过程。所以,在以后的效果检验中,更应该关注后期各物理量的变化。

　　(7)小结

　　利用中国气象科学研究院的三维对流催化模式模拟五个对流个例,得出以下主要结论:

　　1)对于 90 min 生命史的对流云来说,在云发展 27 min 前,在 Maxw、Maxzr、Maxqr 和 Maxqc 处播撒适量催化剂可取得增雨效果;

　　2)主要通过增强后期霰融水过程达到增加总降水的目的,对暖云降水过程几乎无影响,动力效果不明显;

　　3)催化对宏观物理量的影响,催化后大于 50 dBz 的强回波面积几乎无影响,主要是 30～50 dBz 回波累积面积明显增加;

　　4)对雨强的影响,最大雨强减弱,后期雨强增加但单站最大雨量减小,降水总面积增大,从而造成总雨量增大,但总增雨量并不大,增雨率不到 2%。

第5章 江淮对流云增雨外场催化试验

5.1 外场催化试验方案

5.1.1 作业点选择

根据对流云出现频率,同时考虑空域、人员等因素,选择六安、滁州部分作业点开展对流云外场作业试验(图5.1),其中滁州市15个点,六安市5点,各作业点详细信息见表5.1。

表5.1 对流云外场试验作业点信息表

区、市、县名	乡镇名	东经	北纬	管制机场
裕安区	分路口乡	116°19′40″	31°45′14″	合肥
金安区	孙　岗	116°41′00″	31°38′00″	合肥
	横塘岗乡	116°05′00″	31°05′00″	合肥
霍邱县	长集镇	116°10′33″	32°18′07″	合肥
	孟集镇	116°25′00″	32°12′00″	合肥
南谯区	章广镇	117°54′00″	32°15′00″	肥东
	施集乡	118°06′00″	32°17′00″	南京
凤阳县	刘府镇	117°21′00″	32°47′00″	蚌埠
	殷涧镇	117°36′00″	32°44′00″	蚌埠
	小溪河镇小岗村	117°46′12″	32°49′48″	蚌埠
	总铺镇	117°39′00″	32°47′00″	蚌埠
定远县	斋朗乡	117°40′00″	32°32′00″	肥东
	永康镇	117°24′00″	32°32′00″	肥东
	张桥镇	117°36′18″	32°19′14″	肥东
明光市	桥头镇	117°56′00″	32°53′00″	蚌埠
	苏　巷	118°06′00″	32°52′00″	徐州
	津　里	118°10′00″	32°51′00″	徐州
	涧　溪	118°12′00″	32°46′00″	徐州
	三界镇	118°06′00″	32°34′00″	南京
	管　店	118°05′00″	32°40′00″	南京

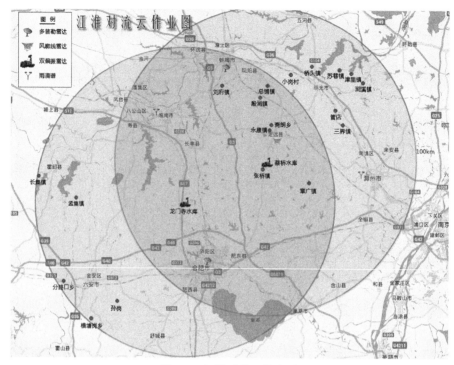

图 5.1　江淮对流云作业图

5.1.2　作业指挥产品

（1）作业监测产品

作业产品记录由省人工影响天气办公室值班业务指挥人员完成,并保存为电子文档。包括:

1)省气象台 24 h 预报;

2)数值模式产品:作业期间 24 h 欧洲预报图、中央气象台预报图,各层风场、各层湿度场、各层高度场;

3)气象卫星产品:每小时 FY-2 卫星红外云图、水汽场;

4)多普勒雷达产品:每 6 min 记录合肥、阜阳、蚌埠、南京、徐州单站雷达强度场和风场,人影组网雷达各层资料;

5)探空资料:每天记录 08 时、20 时阜阳、南京探空资料、T-log 资料,分析-5~-20℃的高度;

6)云物理模拟产品:记录作业期间云水含量、冰晶含量、柱过冷云水量等产品;

7)雨量资料:记录作业前后每隔 3 h 的作业点附近的自动雨量站雨量。

（2）作业潜势预报产品（24 h）

根据天气形势、水汽变化、云物理模拟产品等资料,分析未来 24 h 作业区作业潜势,发布作业潜势预报。

5.1.3　作业预警指标及作业参数的确定

作业预警指标（3 h）在作业前 3 h 由省人工影响天气办公室值班业务指挥人员发布。

（1）催化作业指标的确定

根据安徽人工增雨作业业务实践,并结合数值模拟结果给出的作业建议开展火箭人工增雨作业：

1)作业高度指标:对流云温度介于 $-5\sim -20℃$ 所在高度,作业时根据探空数据或模式预报场确定。

2)多普勒天气雷达指标:回波水平尺度 $\geqslant 20$ km;回波垂直尺度 $\geqslant 6\sim 8$ km;回波强度 $\geqslant 30$ dBz;垂直积分液态水含量(VIL) $\geqslant 1$ kg/m^2。 $\Delta x/\Delta t \geqslant 0$ (为以上四种参量作业前随时间变化率)。

3)双偏振雷达指标:含有过冷水区域厚度 $\geqslant 2.5$ km。

(2)作业时机、作业部位、作业用弹量的选择

根据安徽人工增雨作业业务实践,并结合数值模拟结果给出的作业建议,按照以下要求选择火箭作业时机、作业部位、作业用弹量:

作业时机:宜选择在对流云发展阶段。

作业方位:宜迎云的移动来向和左右各 25°。

作业仰角:依据弹道轨迹和最强回波位置实时计算。

作业用弹量:对面积达到 200 km^2 以上的对流云,按扇型发射增雨火箭 6 枚/次。根据用弹量计算公式:

$$V = 水平面上线源扩散的投影面积 \times 扩散厚度 = (L\cos\alpha \times 2D + \pi D^2) \times H \qquad (5.1)$$

由公式(5.1)所得,一枚 WR-1B 型火箭弹催化剂在云中扩散的体积 V 大约在 $15\sim 40$ km^3。

积状云的播撒剂量:

$$\frac{在有效扩散体积内催化所需增冰晶数}{每枚火箭弹的成核数} = \frac{(Q_{i2} - Q_{i1})(个/L) \times V(km^3)}{[(1.8\times 10^{15})(个/g)]/100}$$

$$= \frac{(Q_{i2} - Q_{i1}) \times 10^3 \times V \times 10^9}{(1.8\times 10^{15} \times 10)/100}$$

式中,Q_{i1} 为云中冰雪晶粒子平均浓度,Q_{i2} 是为了提高云降水效率、云中冰雪晶粒子宜增加的浓度。Q_{i2} 约取值 $30\sim 100$ 个/L。

对流云人工催化要达到催化效果,人工冰核浓度应达到 $30\sim 100$ 个/L,而 WR-1B 型火箭弹装有 10 g AgI 催化剂,在 $-10℃$ 时冰核数达 1.8×10^{16} 个。因此,对流云用弹量 $4\sim 7$ 枚/次,扇形发射。

5.1.4　作业指挥流程

(1)作业前 7 d,根据 7 d 天气周报,通过分析数值模式,获得即将影响的天气系统类型,决定何时启动作业流程,提前通报相关市气象局(省人工影响天气办公室负责)。提前完成作业所需装备、通信、业务系统的准备(滁州、六安市气象局,相关县气象局负责)。

(2)作业前 24 h,根据天气预报,通过分析数值模式和天气形势,省人工影响天气办公室发布 24 h 作业准备指令(省人工影响天气办公室负责)。参与试验的市县作业人员待命,指挥人员密切关注天气变化,分析作业条件,加强与省人工影响天气办公室会商。确认作业所需装备、通信、业务系统的准备,提前预申请空域(滁州、六安市气象局,相关县气象局负责)。

(3)作业前 3 h,根据卫星云图、多普勒雷达和双偏振雷达回波综合分析,省人工影响天气办公室发布 3 h 作业预警,下达进场指令(省人工影响天气办公室负责),涉及作业点所在市气象局指挥作业装备(仅使用火箭作业系统)向指定作业地点进发,提前申请空域,并随时关注装备运动状态(滁州、六安市气象局,相关县气象局负责)。

(4)作业前 1 h,作业装备、人员到达指定作业点,完成装备现场调试、检测,完成作业前准

备,向市气象局上报准备完成情况和现场天气实况,市气象局向省人工影响天气办公室上报准备完成情况、现场天气实况和空域申请情况,作业点现场人员应加强现场天气监测,一旦发现有作业机会,随时上报市气象局,市气象局及时向省人工影响天气办公室上报(滁州、六安市气象局,相关县气象局负责)。

(5)作业前 20 min,省人工影响天气办公室确定作业参数,向市气象局下达作业指令(省人工影响天气办公室负责)。市气象局完成空域申报,向作业点下达作业指令,随时监控作业现场作业情况,保障作业安全。如果作业现场、空域等存在安全隐患,立即放弃作业,并及时上报省人工影响天气办公室(滁州、六安市气象局,相关县气象局负责)。

(6)催化作业,市气象局按照省人工影响天气办公室确定的作业参数指挥作业点实施作业。如作业时发生故障或其他危及安全的情况,应立即停止作业,及时上报市气象局,省人工影响天气办公室(滁州、六安市气象局,相关县气象局负责)。

(7)催化作业后 1 h 内,现场指挥人员向市气象局上报作业情况,在作业点继续待命,市气象局向省人工影响天气办公室上报作业情况和作业信息(滁州、六安市气象局,相关县气象局负责)。省人工影响天气办公室分析作业条件(省人工影响天气办公室负责),若作业点仍然有作业条件,3 h 后,继续开展作业,重复(4)—(7)流程;若无作业条件,省人工影响天气办公室下达退场指令,作业点清理现场,装备、人员撤回县(市)气象局待命,市气象局随时关注装备运动状态(滁州、六安市气象局,相关县气象局负责)。省人工影响天气办公室收集作业区附件的雨量、雨滴谱资料、双偏振雷达资料、多普勒雷达、作业参数、气象卫星等资料(省人工影响天气办公室负责)。

5.2　常规催化效果评估方法

针对江淮对流云的特点研发了基于地面雨量的人工增雨作业效果统计检验技术方法和基于雷达探测时间序列对比分析的人工增雨作业效果技术方法。据此给出地面增雨统计检验效果和播云作业效果的物理证据。

5.2.1　统计检验

分析作业信息,根据作业点经、纬度在地图上准确定位作业点,结合作业时作业高度的高空风,选择作业点下风方合适大小区域作为作业影响区,根据作业影响区的面积、地形特征及雨量站点分布情况等,在其上风方或侧风方选择合适的对比区。

选择安徽省国家级地面气象站日降水量或安徽省区域自动站的小时雨量资料作为评估单元,取作业后适当时长(6 h)为作业影响时效。

利用区域历史回归等统计检验方案,对安徽省对流云增雨作业进行统计检验计算,给出地面增雨统计检验效果。

针对业务作业的对流云人工增雨个例,进行作业效果的统计检验,收集了安徽省 2012—2014 年夏季常规的 16 次业务地面火箭人工增雨作业个例(2012 年 4 个个例、2013 年 3 个个例、2014 年 9 个个例),整理了相关的作业信息、地面雨量资料、多普勒雷达观测资料,利用区域历史回归分析技术方法,分析研究了每个个例的作业过程,给出了每一个对流云火箭作业过程的增雨效果的统计检验结果见表 5.2。其中,2012 年和 2013 年的个例分析使用的是日雨量资料,2014 年的个例分析使用的是小时雨量资料。

表 5.2 江淮对流云人工增雨作业个例统计检验分析结果

作业个例日期	目标区	对比区	相关系数	正态变换	柯氏检验 (Cochran's tests)		回归方程 $y=bx+a$		增雨效果		显著度
					目标区	对比区	b	a	绝对增雨 (mm)	相对增雨 (%)	
2012-06-26—27	金寨、霍山	六安、舒城	0.8579	4次方根	0.9428	1.3825	0.8458	0.3476	-27.4	-44.27	0.0855
2012-06-28—30	宿州、灵璧、泗县、固镇	涡阳、利辛、蒙城	0.7506	8次方根	0.9593	1.1866	0.7286	0.3275	38.53	69.13	0.0795
2012-08-03—04	凤阳、明光、定远	怀远、蚌埠、淮南	0.6752	8次方根	0.8277	0.8794	0.6978	0.3541	3.6	39.64	0.8362
2012-08-09—11	灵璧、泗县、怀远、固镇、五河、蚌埠、凤阳、明光	颍上、凤台、霍邱、寿县、长丰、淮南	0.6731	3次方根	1.492	1.586	0.6941	0.5251	37.09	75.28	0.0499
2013-07-15—17	太和、涡阳、利辛、蒙城	阜南、阜阳	0.6231	/	5.1943	5.2452	0.6631	5.4818	11.42	31.19	0.5055
2013-08-10—12	黄山区、泾县、旌德、宁国、黄山、绩溪	青阳、九华山、池州、石台	0.5964	12次方根	1.2377	1.1503	0.5179	0.5315	56.8	38.69	0.2865
2013-08-23—24	萧县、濉溪、涡阳、淮北、利辛、蒙城、宿州	灵璧、泗县、怀远、固镇、凤台、蚌埠、淮南	0.44	0.45 次方根	7.9736	7.8099	0.3657	205.13	23.07	67.09	0.0903
2014-06-15 北部地面作业	新蔡、化家湖、G庄里、博庄、童台闸、永堌、朔里	马桥、徐楼、K777、烈山、刘桥	0.7644	4次方根	0.972	0.8442	0.73	0.236	1.94	39.41	0.1698
2014-06-15 西北部地面作业	K452、油河、双沟、大杨、赵桥、沙土、十河	K466、古城、立德、桑营、漉河	0.677	4次方根	0.983	1.1722	0.62	0.26	2.19	48.05	0.201
2014-06-15 东北部地面作业(小洞镇镇作业点)	小洞、唐集	翟湖、马集	0.7466	4次方根	1.126	1.2872	0.71	0.285	7.83	75.84	0.2145

续表

作业个例日期	目标区	对比区	相关系数	正态变换	柯氏检验 (Cochran's tests)		回归方程 $y=bx+a$		增雨效果		显著度
					目标区	对比区	b	a	绝对增雨 (mm)	相对增雨 (%)	
2014-06-15 东北部地面作业	赵集、古饶、百善、百善信息站	马桥、徐楼、K777	0.8592	4 次方根	1.014	1.0655	0.99	0.075	2.74	33.83	0.2576
2014-07-24 西北部地面作业	相山、博庄、孙圩孜、朔里	化家湖、童台闸、永堌	0.6949	/	4.397	4.0291	0.76	0.324	-10.06	-45.5	0.0381
2014-07-24 西北部地面作业（三湾乡作业点）	丁湖、墩集	草沟、长沟	0.7635	/	4.971	4.711	0.74	0.446	14.98	320.53	0.0569
2014-07-24 西北部地面作业	楚村、三义、乐土、吕望、G蒙城、双涧	立仓、徐圩、龙亢农场、K252、龙亢、白杨林场	0.6382	3 次方根	1.904	1.7119	0.7	0.298	10.36	106.87	0.0832
2014-08-06 西北部地面作业（牌坊镇马店集镇）	青疃、马店集、牌坊	新兴、石弓	0.7393	/	4.079	4.4127	0.53	0.569	-7.18	-40.84	0.1394
2014-08-06—07 西北部地面作业（十河镇）	赵桥、十河、G亳州南	油河、双沟、大杨	0.6756	2 次方根	2.762	2.8714	0.73	0.322	12.02	74.95	0.1065

5.2.2　物理检验

利用八点插值法,将极坐标下多普勒雷达资料内插到统一的笛卡尔坐标系下,形成空间分辨率均匀的网格点资料,并进行 0.5 km 分层,垂直分成 25 层。并按美国国家大气研究中心制定的标准 MDV(The Meteorological Data Volum)格式数据进行存储。将安徽省相关的作业点信息进行底图标注,并与雷达图时间相配合,动态显示天气系统变化,为物理检验确定作业目标区及作业检验区域提供基础。

通过作业单元的生命史,寻找作业实施前与播云作业单元生命发展相同的云体单元,作为对比单元。在特取对比单元时,遵循以下三个标准:

(1)具有与作业云单元相似的天气背景;

(2)相似云体发展特征;

(3)相同产生源地的云体。

利用新一代多普勒雷达资料,选取常用的五个物理量:给定反射率回波顶高(Top)、最大反射率(Max dBz)、给定反射率的体积、液态水含量(Vil from maxZ)以及降水通量(Precip flux),对江淮对流云人工增雨作业效果进行物理检验。

以 2012 年 6 月 28—30 日为例进行详细说明。该个例属于副高外围型天气系统,受低槽切变线共同影响,增雨作业时机的判断主要依靠蚌埠站 SA 雷达 6 min 一次的雷达回波图像,分析发现 6 月 28 日 23 时 18 分、29 日 02 时 39 分和 06 时 34 分安徽东北部的宿州市、淮北市地区出现反射率在 40～45 dBz 以上的对流单元(图 5.2),其中 06 时 34 分观测到的对流单元强回波面积达到 200 km² (图 5.3),宿州市、蚌埠市作业点抓住有利作业时机开展地面火箭、高炮增雨作业,作业前天气状况为小到中雨,作业后为中到大雨(贾烁等,2016)。

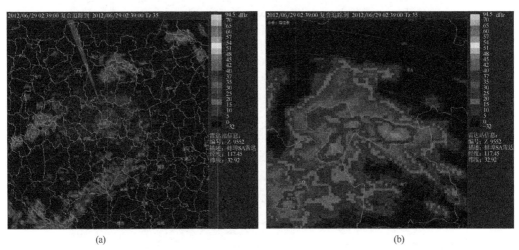

图 5.2　2012 年 6 月 29 日 02 时 39 分蚌埠 SA 雷达 CAPPI 雷达回波基本反射率
(a)为大范围的雷达回波图像,(b)为作业目标单元局部放大图

2012 年 6 月 29 日 06 时 36 分—06 时 37 分,宿州市泗县三湾乡作业点(33.47°N,117.85°E)利用地面火箭进行对流云增雨作业。因一定时间后,作业单元发生较大规模的合并,故选取北京时间 06 时 12 分—07 时 41 分的雷达基数据进行分析,作业目标单元在作业点的西南方向,选取的对比单元位于作业点的正东方向(图 5.4),通过处理雷达基数据对比分析作业单

元、对比单元雷达回波参量随时间的变化差异(图5.5—图5.9)。

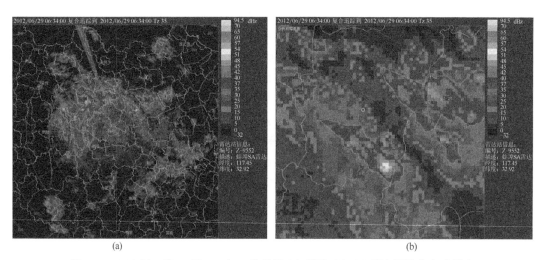

(a)　　　　　　　　　　　　　　　　　(b)

图5.3　2012年6月29日06时34分蚌埠SA雷达CAPPI雷达回波基本反射率
(a)为大范围的雷达回波图像,(b)为作业目标单元局部放大图

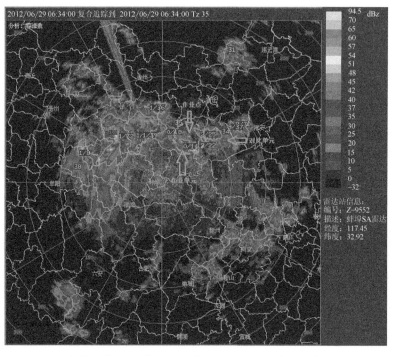

图5.4　作业点分布、作业单元与选取的对比单元(如图中箭头所指)

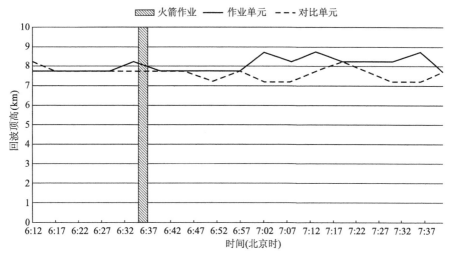

图 5.5　作业前、后作业单元和对比单元回波顶高随时间变化的对比分析

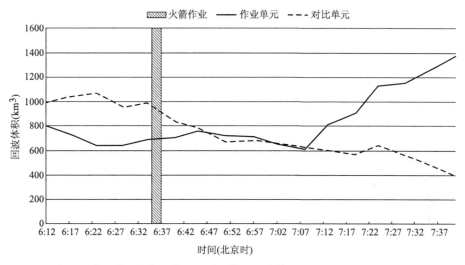

图 5.6　作业前、后作业单元和对比单元回波体积随时间变化的对比分析

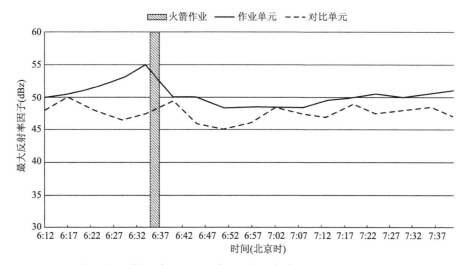

图 5.7　作业前、后作业单元和对比单元最大反射率因子随时间变化的对比分析

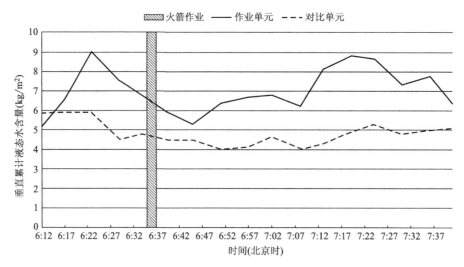

图 5.8　作业前、后作业单元和对比单元垂直累积液态水含量随时间变化的对比分析

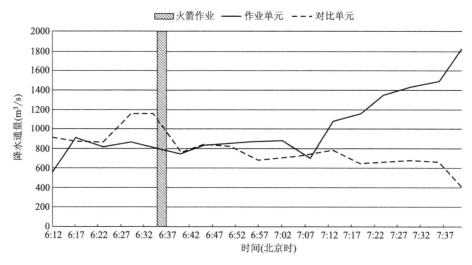

图 5.9　作业前、后作业单元和对比单元降水通量随时间变化的对比分析

　　分析表明,作业前,回波顶高、最大反射率因子和垂直累积液态水含量均达到小峰值,说明作业目标单元和对比单元均处于成熟发展阶段;作业时各物理参量呈减小趋势,催化作业抑制了作业目标单元物理参量的继续减小,作业目标单元的回波顶高、最大反射率因子在催化作业后 20 min 变为增加趋势,尤其回波体积的增加非常明显,对流再次发展,垂直累积液态水含量和降水通量显著增加。

　　对比单元回波顶高、最大反射率因子和垂直累积液态水含量作业前与作业单元相应物理量有一定差异,作业后有小幅增加,所以以作业前后作业单元与对比单元相应的物理量进行定量双比分析,得到催化作业对作业单元的对流发展有一定正效果,对比单元更早进入减弱消散阶段。这次增雨作业促进作业目标单元对流进一步发展,最终延长作业目标单元的生命期,产生更多地面降水,带来明显的增雨效果。

5.3 成对对流云效果评估方法

5.3.1 资料与方法

（1）成对对流云效果评估方法

根据已催化的目标对流云雷达参量追踪信息，依据催化云、对比云选择方案选取对比云，采用成对对比的方法，对目标云与对比云的雷达特征参量进行对比分析，依据两者演变及差异评估人工增雨作业的效果。催化云、对比云选择方案。

1）雷达回波开始出现的时间基本一致；

2）都出现在试验区域，这样下垫面基本一致；

3）发展趋势基本一致，并考虑对比云不能位于目标云的下风方向，避免催化影响；

选取 2013—2015 年安徽省位于江淮地区的合肥、滁州、六安夏季（6—8 月）对流云的人工增雨作业个例，进行效果检验分析。作业信息如表 5.3 所示。

雷达资料采用合肥新一代 S 波段多普勒天气雷达（CINRAD/SA）体扫数据，有效探测半径为 230 km，时间间隔为 6 min 左右。通过 pup 反演输出所需的 5 种二次产品：组合反射率因子（CR）、回波顶高（ET）、垂直积分液态水含量（VIL）、风暴追踪信息（STI）和风暴结构（SS）。

表 5.3 2013—2015 年江淮夏季对流云人工增雨作业信息表

序号	作业点	作业日期 （年-月-日）	作业起止时间	火箭用弹量（枚）	作业前天气	作业后天气
1	长丰县罗塘乡	2013-8-18	16：00—16：20	4	阴	小到中雨
2	庐江县泥河	2013-8-19	14：24—14：40	2	小雨	小到中雨
3	肥西县花岗镇	2013-8-22	14：56—15：10	1	阴	小雨
4	定远县永康镇	2013-8-4	14：51—14：53	3	阴	小雨
5	凤阳县总铺镇	2013-8-18	13：53—13：55	2	零星小雨	阵雨
6	定远县斋朗乡	2013-8-22	19：22—19：25	2	阴	小雨
7	凤阳县总铺镇	2013-8-22	19：48—19：58	2	零星小雨	小雨
8	凤阳县总铺镇	2013-8-23	21：51—21：52	2	零星小雨	小雨
9	天长市汊涧镇	2013-8-24	13：43—13：47	4	阴	小雨
10	来安县水口	2013-8-24	14：08—14：12	3	小雨	大雨
11	凤阳县殷涧镇	2013-8-24	14：53—14：54	2	小雨	大到暴雨
12	全椒县八波村	2013-8-24	16：02—16：03	3	中等雷阵雨	大阵雨
13	南谯区章广镇	2013-8-24	17：05—17：07	2	小雨	小雨渐大
14	定远县张桥镇	2014-6-14	19：33—19：36	3	已降雨	降雨变强
15	明光市苏巷	2015-6-16	09：30—09：32	5	零星小雨	小雨并逐渐增大
16	金寨县白塔畈乡	2013-8-15	16：00—16：05	2	多云	雷阵雨
17	金寨县白塔畈乡	2013-8-15	16：17—16：25	2	多云	雷阵雨
18	霍山县佛子岭	2013-8-15	14：05—14：10	2	多云	雷阵雨

序号	作业点	作业日期 （年-月-日）	作业起止时间	火箭用弹量（枚）	作业前天气	作业后天气
19	霍邱县长集镇	2013-8-18	15：55—16：10	4	多云	雷阵雨
20	舒城县张母桥镇	2013-8-18	18：42—18：45	4	多云	雷阵雨
21	舒城县张母桥镇	2013-8-19	16：33—16：40	4	小雨	小到中雨
22	裕安区分路口乡	2013-8-20	17：08—17：13	4	阵雨	阵雨
23	金安区横塘岗乡	2013-8-22	17：31—17：35	4	雷阵雨	雷阵雨
24	霍邱县长集镇	2013-8-24	15：49—15：51	4	雷阵雨	中等雷阵雨
25	舒城县张母桥镇	2013-8-25	14：22—14：24	2	雷阵雨	雷阵雨

（2）对比云自动选取方法

多普勒天气雷达能够灵活准确地获取云和降水自发生、发展到消亡各个时刻分布及变化的雷达体积扫描和距离高度显示资料，为研究人工增雨效果提供径向速度、回波强度、回波顶高、液态含水量和降水强度等物理响应证据。据此，可通过选取适当的回波参量，建立目标云与对比云在作业前后这些回波参量的演变和差异来分析人工增雨作业的效果。为此需首先选择合适的对比云。在此基于多普勒雷达回波资料，在一定条件控制下，利用相似离度原理自动选取对比云的成对对流云方案。

1）相似离度原理

通过对三种常用的相似衡量标准，即相似系数、海明距离、欧氏距离进行优劣剖析后，提出了一种更为完备的描述相似程度的统计量——相似离度。相似离度既能体现样本曲线之间的值差异程度，又能分析其形相似程度，是一种比较全面、客观的比较样本之间相似程度的衡量标准，已被广泛地应用于气象领域，如降水预报、台风路径预报、冰雹、沙尘暴天气的类型判别和预报等。以两条曲线为例，其相似离度的计算方法如下。

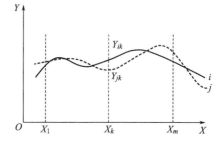

图 5.10　二维平面上曲线 i 和 j 示意图

设 i 和 j 为二维平面上的两条曲线（如图 5.10 所示），选取 M 个横坐标点，第 k 个点对应的 x 坐标值为 X_k，对应在 i 和 j 曲线上的 y 坐标值分别为 Y_{ik} 和 Y_{jk}，则两条曲线的相似离度 C_{ij} 为：

$$C_{ij} = \frac{1}{2}(D_{ij} + S_{ij}) \quad S_{ij} = \frac{1}{M}\sum_{k=1}^{M} |Y_{ijk} - E_{ij}| \tag{5.2}$$

其中

$$D_{ij} = \frac{1}{M}\sum_{k=1}^{M} |Y_{ijk}| \tag{5.3}$$

$$S_{ij} = \frac{1}{M}\sum_{k=1}^{M} |Y_{ijk} - E_{ij}| \tag{5.4}$$

$$Y_{ijk} = Y_{ik} - Y_{jk} \tag{5.5}$$

$$D_{ij} = \frac{1}{M}\sum_{k=1}^{M} Y_{ijk} \tag{5.6}$$

式中,Y_{ijk} 表示取点 X_k 时,对应在 i 和 j 曲线上 y 的差值,E_{ij} 为两条曲线,对所有选取点对应 y 差值的总平均。D_{ij} 为对应 y 绝对值的总平均,可反映两条曲线在数值上的整体差异程度,值越小,两条曲线数值上越接近,反之,差异越大。S_{ij} 为两条曲线各对应点的差异相对总平均的离散程度,反映了两条曲线的形相似程度,值越小,曲线间的形状越相似。相似离度 C_{ij} 由 D_{ij} 和 S_{ij} 共同决定,在此取相同权重,求算两者的平均值。

本节根据雷达回波参量选取对比云时,利用上述相似离度算法,计算比较目标云与待选对比云体的回波参量随时间变化曲线的相似程度。

2)对比云选取指标确定

选择对比云,需要一定的条件控制。目标云与对比云应处于类似的天气系统、地理环境背景条件下,避免特殊天气、地理特征对自然降水带来客观的差异影响。同时,对比云应不受到人工增雨催化的影响。因此目标云和对比云之间的距离不能太近也不宜太远。相距过远,相似性不好。相距过近,对比云可能受到催化影响。结合风向,对比云应选在目标云的侧风方或上风方为宜。另外,强回波面积、组合反射率因子、回波顶高和垂直积分液态水含量已被广泛用作人工增雨效果的物理检验参数。

综上所述,选取对比云的判别指标为:生成时间之差 T、空间距离 D、强回波面积之差 A、组合反射率因子之差 C、回波顶高之差 E、垂直积分液态水含量之差 V 和风向,共 7 个指标。将各指标参考值设定为如下基准值:$|T| \leqslant 60$ min,25 km $\leqslant D \leqslant 100$ km,$|A| \leqslant 10$ km^2,$|C| \leqslant 10$ dBZ,$|E| \leqslant 5$ km 和 $|V| \leqslant 5$ kg/m^2。除 D 外,各指标参数越小,目标云和对比云的相似性越好。考虑到实际对流单体的雷达回波参量随时间变化值差异很大,应用中可以根据具体情况对指标进行适当修正。

3)对流单体生命期确定

多普勒雷达的二次产品数据每 6 min 间隔输出一次,数据时次比较均匀。根据风暴追踪信息产品(STI)所记录的对流单体的编号和位置等信息,可得到作业开始前时次已经生成的所有对流单体。依据编号分别向前向后获取对应各个单体生成的时刻和消亡的时刻。同时,再结合 pup 反演得到的组合反射率因子(CR)、回波顶高(ET)、垂直积分液态水含量(VIL)和风暴结构(SS)这些二次产品,就可得到这些已生成对流单体的生命期和在生命期内各时刻的强回波面积、组合反射率因子、回波顶高和垂直积分液态水含量等回波参量,以及这些参量随时间的变化曲线。

4)回波参量的相似离度计算

首先,对生成时间、位置和方向符合选取指标条件($|T| \leqslant 60$ min,25 km $\leqslant D \leqslant 100$ km,对比云单体不在目标云单体的下风方)的对流单体,计算它们与目标云单体在作业前的回波参量变化曲线的相似离度。由于目标云单体与待选对比云单体在生成时间和在作业前的生命期长度上很可能存在差异,因此在计算前需作如下处理:

以数据时次而不是时间作为 X 轴。将目标云单体和待选单体的生成时刻记为数据时次 1,它们各自的后一个数据时次作为数据时次 2,再后一个数据时次作为数据时次 3,以此类推,直到作业前的数据时次。

将目标云单体与待选单体两者中在作业前记录的数据时次少的一方,其作业前最后一个数据时次记为数据时次。

其次,计算目标云单体与待选对比云单体关于强回波面积(回波强度大于 45 dBZ)、组合反射率因子、回波顶高和垂直积分液态水含量的 D_{ij}。通过判别指标条件：$D_{ij}(A) \leqslant 10 \text{ km}^2$，$D_{ij}(C) \leqslant 10 \text{ dBz}$，$D_{ij}(E) \leqslant 5 \text{ km}$ 和 $D_{ij}(V) \leqslant 5 \text{ kg/m}^2$，进行剔除，排除掉部分待选单体，将符合条件的对流单体作为选取的对比云单体集合。

进一步，分别计算目标云单体与选取的对比云单体对应于上述 4 个回波参量的相似离度，得到 $C_{ij}(A)$、$C_{ij}(C)$、$C_{ij}(E)$、$C_{ij}(V)$。

最后，将目标云单体与待选对比云单体的各个回波参量的相似离度作算术平均，得到综合的相似离度 C_{ij}：

$$C_{ij} = \frac{1}{4}\big[C_{ij}(A), C_{ij}(C), C_{ij}(E), C_{ij}(V) \big] \tag{5.7}$$

待选对比云单体中，C_{ij} 最小者即为最佳的对比云。

5.3.2　结果分析

选取 2013—2015 年安徽省位于江淮地区的合肥、滁州、六安，针对夏季（6—8 月）对流云的人工增雨作业（表 5.3），基于多普勒雷达回波资料，在一定条件控制下，应用上述相似离度原理自动选取对比云。该方法可快速、客观地选定与实际作业云相对应的对比云，减少选择时的主观偏倚。另外，在实际选取对比云时，还需满足对比云不位于目标云的下风方向，避免催化影响。

结合 pup 反演得到的相关二次产品，对记录的单体生命期、强回波面积、组合反射率因子、回波顶高和垂直积分液态水含量等进行统计分析。其中，组合反射率有利于确定风暴结构外观、强度趋势，回波顶高可用于识别较有意义的风暴特征。回波顶高和垂直积分液态水含量常被用来评估风暴强度。一般而言，对流云云顶高度与上升气流强度相关联，云内上升气流越强，对流发展越旺盛，其回波顶高越高，VIL 值越大。

表 5.4 给出了所选个例相应的目标云与对比云相关物理参量统计分析结果。从中可以看出，催化作业对延长目标云的生命期有明显的促进作用，近 80% 的个例，目标云的生命期均大于对应对比云的生命期，少数个例的目标云生命期短于对比云或两者生命期相当。同时，超过 70% 的个例，目标云强回波面积大于所选对比云的强回波面积；约 60% 的个例，目标云组合反射率和回波顶高高于对应的对比云；超过半数的个例，出现了目标云比对比云的垂直积分液态水含量更大。

进一步研究分析每个个例的作业过程，对强回波面积、组合反射率因子、回波顶高和垂直积分液态水含量，从目标云作业前后回波参量的变化和目标云与对比云回波参量在同一时刻和同一发展时期上的比较两个方面来评估增雨效果。通过目标云自身对比分析和目标云与对比云两者互比分析可知，总体上，在所选个例中，60% 的个例取得了一定的增雨效果，有 7 个个例的作业增雨效果较好，8 个个例的作业增雨效果良好，而另有 10 个个例的作业增雨效果不明显。考虑到作业时间和单体生命期并结合雷达回波，分析发现：

（1）作业时机对增雨效果影响显著。绝大部分作业效果明显的个例，其作业时机均在对流单体发展即将达到鼎盛的时期或处于发展旺盛时期后不久。而作业不明显的个例基本选择的作业时机为单体已经进入衰减期或者在单体发展较早期。

（2）就个例分析结果而言，作业点相对雷达回波的位置，对作业效果的影响相对较小。不仅处于单体回波中心，回波较强的情况下，可获得较好的作业效果，某些非处于主体回波单体中心的作业点,甚至回波不是很明显的个例,也取得了一定的作业效果。

(3)个别作业个例根据相似离度得到的最优对比云与目标云仍可能存在较大的差异,导致自身对比分析和与对比云的互比分析结果出现不一致的情况,需结合目标云自身实际的演变情况来考虑。

表5.5给出了所选个例目标云与对比云平均物理参量结果。从中可以看出,催化作业后目标云平均生命期较对比云的62 min延长了41 min,增幅66%。从回波参量来看,催化对回波极值的影响更为明显,目标云强回波面积、组合反射率因子、回波顶高和垂直积分液态水含量分别较对比云增加358 km²、5.2 dBz、1.8 km和8.1 kg/m²。对流单体生命期内无论是最大值还是整体平均,强回波面积和垂直积分液态水含量增幅最大,最大值分别增加217%和32.4%,组合反射率因子和回波顶高的平均值增幅相对较小,但均超过5%。

表5.4　目标云与对比云生命期内相关物理参量分析表

序号	作业点	作业时间	分析对象	单体编号	生命期(min)	强回波面积(>45 dBz回波面积)(km²) 最大值	平均值	组合反射率因子(dBz) 最大值	平均值	回波顶高(km) 最大值	平均值	垂直积分液态水含量(kg/m²) 最大值	平均值
1	长丰县罗塘乡	2013-8-18 16:00—16:20	目标云	N6	52	28	14.5	57.5	49	10	7.6	22.5	13.6
			对比云	V2	41	21	12	52.5	47.5	14.5	10.2	12.5	10
2	庐江县泥河	2013-8-19 14:24—14:40	目标云	O8	183	1664	625.8	57.5	50.4	16	12.4	42.5	21.6
			对比云	I5	29	31	8.3	47.5	42.5	11.5	8.5	7.5	5.3
3	肥西县花岗镇	2013-8-22 14:56—15:10	目标云	G1	52	2	0.8	47.5	42	8.5	6.1	7.5	5.3
			对比云	T0	40	20	11.25	52.5	48.1	7	6.4	12.5	8.1
4	定远县永康镇	2013-8-4 14:51—14:53	目标云	M3	51	2	0.4	42.5	34.5	7	5.8	3	3
			对比云	F2	68	0	0	37.5	36.0	8.5	6.8	3	3
5	凤阳县总铺镇	2013-8-18 13:53—13:55	目标云	A6	57	95	59.7	62.5	55.2	13	10.8	62.5	35.3
			对比云	B4	80	126	83.4	57.5	56.2	13	12	47.5	37.2
6	定远县斋朗乡	2013-8-22 19:22—19:25	目标云	N6	109	74	30.2	52.5	44.3	11.5	8.0	17.5	8.9
			对比云	F9	114	44	15.2	52.5	44.2	10	8.6	17.5	10.2
7	凤阳县总铺镇	2013-8-22 19:48—19:58	目标云	N6	109	74	30.2	52.5	44.3	11.5	8.0	17.5	8.9
			对比云	C9	17	0	0	37.5	35	8.5	7.4	3	3
8	凤阳县总铺镇	2013-8-23 21:51—21:52	目标云	L8	143	469	250.7	57.5	51.2	13	11.3	42.5	24.3
			对比云	E1	69	0	0	37.5	35	8.5	7.8	3	3
9	天长市汊涧镇	2013-8-24 13:43—13:47	目标云	N9	69	105	61.6	57.5	53.4	11.5	8.0	32.5	22.5
			对比云	V2	52	223	148	57.5	51.5	14.5	13.3	47.5	29.5
10	来安县水口	2013-8-24 14:08—14:12	目标云	N5	75	731	221.6	57.5	53.9	16	12.6	42.5	27.1
			对比云	F8	63	110	55.1	57.5	54	10	10	37.5	23.5
11	凤阳县殷涧镇	2013-8-24 14:53—14:54	目标云	L2	212	1207	415.8	62.5	53.2	13	11.5	57.5	27.0
			对比云	F9	75	249	107	57.5	52.5	11.5	10.5	32.5	23.2
12	全椒县八波村	2013-8-24 16:02—16:03	目标云	E6	58	561	266.1	62.5	53.9	13	11.4	42.5	31.6
			对比云	R8	29	0	0	42.5	40.8	11.5	10.5	7.5	6

序号	作业点	作业时间	分析对象	单体编号	生命期(min)	强回波面积(>45 dBz回波面积)(km²)		组合反射率因子(dBz)		回波顶高(km)		垂直积分液态水含量(kg/m²)	
						最大值	平均值	最大值	平均值	最大值	平均值	最大值	平均值
13	南谯区章广镇	2013-8-24 17:05—17:07	目标云	L6	144	650	209.8	57.5	51.3	11.5	9.7	32.5	19
			对比云	S6	18	2	0.5	37.5	37.5	8.5	8.5	7.5	5.3
14	定远县张桥镇	2014-6-14 19:33—19:36	目标云	D7	23	0	0	42.5	39.5	7	7	3	3
			对比云	A7	12	0	0	37.5	35.8	7	6.5	3	3
15	明光市苏巷	2015-6-16 9:30—9:32	目标云	I5	93	53	19.5	52.5	45.9	10	7.6	12.5	8.8
			对比云	U1	26	45	13.3	47.5	42.5	8.5	8.3	3	3
16	金寨县白塔畈乡	2013-8-15 16:00—16:05	目标云	F3	127	160	28.5	57.5	49.5	14.5	10.8	42.5	17.5
			对比云	N6	41	42	26.5	62.5	53.1	13	10.2	47.5	26.9
17	金寨县白塔畈乡	2013-8-15 16:17—16:25	目标云	F3	127	160	28.5	57.5	49.5	14.5	10.8	42.5	17.5
			对比云	K7	132	221	96.6	67.5	55	17.5	13.7	72.5	43.1
18	霍山县佛子岭	2013-8-15 14:05—14:10	目标云	Q3	75	152	66.7	67.5	54.3	14.5	12.1	57.5	27.9
			对比云	I7	109	64	36.5	62.5	54.5	14.5	10.7	67.5	32.3
19	霍邱县长集镇	2013-8-18 15:55—16:10	目标云	Q2	121	2167	690.2	62.5	51.1	14.5	9.9	42.5	23.5
			对比云	E4	75	2167	340.7	57.5	50	11.5	9.4	32.5	20
20	舒城县张母桥镇	2013-8-18 18:42—18:45	目标云	P3	92	1110	227.5	62.5	51.6	13	8.8	47.5	22.3
			对比云	T9	52	50	32	57.5	50.5	8.5	7.6	37.5	21.1
21	舒城县张母桥镇	2013-8-19 16:33—17:33	目标云	X9	98	1150	230.2	57.5	48.1	10	8.8	32.5	13.1
			对比云	X2	58	58	31.3	52.5	49.3	8.5	8.5	32.5	13.9
22	裕安区分路口乡	2013-8-20 17:08—17:13	目标云	R3	138	55	21.2	57.5	49.1	11.5	6.5	22.5	13
			对比云	K4	58	50	24	57.5	53.9	7	6.3	27.5	19.3
23	金安区横塘岗乡	2013-8-22 17:31—17:35	目标云	H3	103	55	14	52.5	45.4	10	7.4	12.5	8.9
			对比云	H5	75	12	1.4	47.5	39.6	8.5	7.4	7.5	4.0
24	霍邱县长集镇	2013-8-24 15:49—15:51	目标云	A6	132	2130	275.3	62.5	54.7	13	11.2	47.5	30.1
			对比云	H6	104	134	28.9	52.5	45.4	10	8.6	22.5	11.3
25	舒城县张母桥镇	2013-8-25 14:22—14:24	目标云	A4	126	213	68.2	62.5	52.5	16	9.3	42.5	23.9
			对比云	M9	120	462	301.0	62.5	57.0	11.5	6.2	42.5	25.9

表5.5　目标云与对比云个例平均物理参量统计表

个例平均	生命期(min)	强回波面积(>45 dBz回波面积)(km²)		组合反射率因子(dBz)		回波顶高(km)		垂直积分液态水含量(kg/m²)	
		最大值	平均值	最大值	平均值	最大值	平均值	最大值	平均值
目标云	103	523	154	56.9	49.2	12.3	9.3	33.1	17.9
对比云	62	165	55	51.7	46.6	10.5	8.8	25	15.6
增值	41	358	99	5.2	2.6	1.8	0.5	8.1	2.3
增值百分比	66%	217%	180%	10%	5.6%	17%	5.6%	32.4%	14.7%

5.3.3　个例分析

从上述个例中,依据目标云与对比云相关物理参量、生命期内回波变化和增雨作业效果等统计分析结果,选取其中 3 个典型的对流云增雨作业个例,序号分别为 6、18 和 19,予以详细说明。

(1)个例 6

2013 年 8 月 22 日滁州市定远县斋朗乡在 19 时 22 分—19 时 25 分期间进行了地面火箭人工增雨作业。作业前作业点周围的回波强度在 20~40 dBz,目标云为 N6,中心回波强度超过 50 dBz(图 5.11),选取的对比云为 F9。两者相距 45 km 左右,生成时间差约 68 min,略超过 1 h,分属两块不同的主体回波,且 F9 位于 N6 的东北方向,与其移向垂直,不会受到催化的影响。从表 5.4 可以看出,目标云与对比云生命期长度接近,只相差一个体扫,且生命期内平均的组合反射率因子、回波顶高和垂直积分液态水含量也相差不大。但目标云的强回波面积与组合反射率均在作业后维持在最大值区间(70 km² 左右),之后逐渐下降,而对比云在同一发展时期出现了明显下降。特别是强回波面积,显著低于目标云。同时,目标云的回波顶高和垂直积分液态水含量也均在作业后出现了极大值,分别为 8.5 km 和 17.5 kg/m²。结合作业时间,从此个例的对比分析结果来看,作业时,目标云即将发展到最鼎盛时期,催化对增大云体的强回波面积有明显的正向促进作用,也有利于增加对流云的发展高度和含水量,此次作业整体效果较明显。

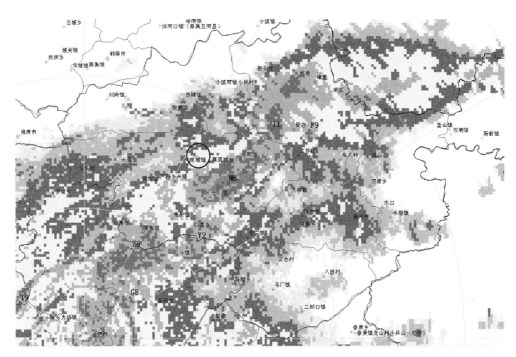

图 5.11　个例 6 作业前组合反射率因子与单体叠加图

(2)个例 18

2013 年 8 月 15 日六安市霍山县佛子岭从 14 时 05 分开始了地面火箭人工增雨作业,作业目标云为 Q3,作业点周围的回波强度在 25~50 dBz(图 5.12),所选对比云为 I7,位于目标云移动的垂直方向,属两块不同的主体回波,相距约 150 km,互不影响。两者生成时间大约相差 57 min,所受的影响系统比较一致。

　　结合表 5.4 可知,整体上,目标云发展高度更高些,平均回波顶高为 12.1 km,高于对比云的 10.7 km,两者组合反射率因子比较接近,目标云在最大值上比对比云高 5 dBz,但垂直积分液态水含量较目标云低,且生命期也较对比云短超过 30 min。分析原因认为,在作业时目标云单体已处于衰减阶段,作业后,各回波参量均呈现明显下降趋势,除回波顶高外,均小于同一生命期的对比云,甚至是前期远高于后者的强回波面积也明显低于对比云。此次作业个例效果不明显。

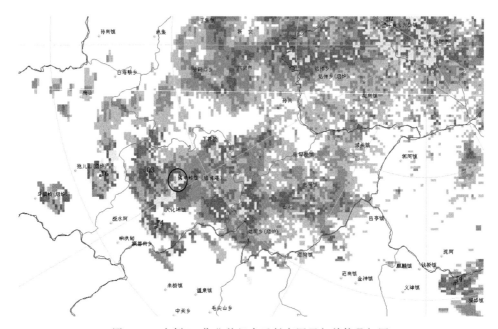

图 5.12　个例 18 作业前组合反射率因子与单体叠加图

（3）个例 19

　　2013 年 8 月 18 日六安市霍邱县长集镇从 15 时 55 分—16 时 10 分进行了地面火箭人工增雨作业,作业目标云为 Q2,作业点位于其强回波中心附近,强度在 50～65 dBz(图 5.13)。所选对比云 E4 的生成时间比目标云迟 34 min。位置上位于目标云的两侧,与单体移动方向相垂直,不受其催化的影响。

　　结合表 5.4,可以看出,整体平均上,各回波参量目标云 Q2 均高于对比云 E4,且 Q2 生命期为 121 min,远大于 E4 的 75 min,超过后者近 50 min,达到峰值的时间也明显推后。最大强回波面积两者相当,但平均值上为对比云的 2 倍之多,作业后目标云 Q2 的组合反射率和垂直积分含水量明显高于 E4。

　　另外,就目标云 Q2 自身而言,各参量均在作业后增大到最大值或维持在高值区,其中,强回波面积在作业后 26 min 达到最大值 2167 km²,回波顶高在作业后 10 min 左右再次达到最大值 14.5 km。同时,从作业时间与目标云单体回波变化曲线可知,作业发生在对流云发展至最旺盛的阶段,催化后对流单体表现出快速增高,强度、含水量明显增长的变化趋势。此次作业个例效果显著。

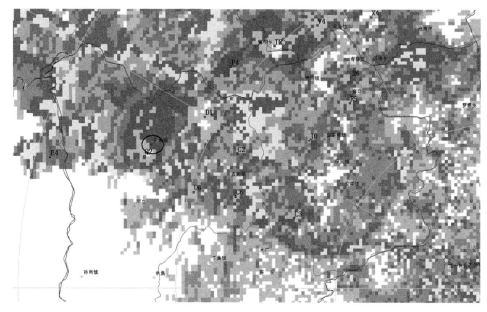

图 5.13　个例 19 作业前组合反射率因子与单体叠加图

基于多普勒雷达回波资料,利用相似离度原理自动选取对比云的成对对流云方案,选择可反映风暴结构外观、强度及其趋势的四个常用的回波参数:强回波面积、组合反射率因子、回波顶高和垂直积分液态水含量,通过目标云作业前后的变化和目标云与对比云在同一时刻和同一发展时期上的比较,针对 2013—2015 年安徽省江淮地区夏季对流云业务作业进行物理检验的效果评估分析。主要结论如下。

1)应用相似离度原理自动选取对比云的成对对流云方案,可快速、客观地选定实际作业云相对应的对比云,减少选择时的主观偏倚。但个别作业个例目标云自身对比分析和与对比云的互比分析可能会出现不一致的增雨效果,这一定程度上与根据相似离度得到的最优对比云与目标云仍存在一定的差异有关,需结合目标云自身的实际演变情况来考虑。

2)催化作业对延长目标云的生命期有明显的促进作用,同时对增大强回波面积、提高回波强度、对流发展高度和液态含水量等也有积极的正效果。平均而言,催化对回波极值的影响更为明显,目标云强回波面积、组合反射率因子、回波顶高和垂直积分液态水含量分别较对比云增加 358 km^2、5.2 dBz、1.8 km 和 8.1 kg/m^2,平均值的增幅分别为 180%、5.6%、5.6% 和 14.7%。

3)所选个例大部分取得了一定的增雨效果,而另有一部分个例的作业增雨效果不明显。分析认为,作业时机对增雨效果影响显著,作业点相对雷达回波的位置,对作业效果的影响相对较小。选择合适的作业时机对作业效果至关重要。

第6章 江淮地区对流云人工增雨作业指标体系

6.1 江淮对流云潜势天气学阈值指标

6.1.1 研究方法与资料介绍

对安徽省范围内 2005—2007 年 4—9 月强对流天气个例的(包括冰雹、雷雨大风、龙卷,不包括短时强降水),发生日期、发生时间、发生站点进行了统计。使用安庆、阜阳、徐州、南京四个探空站的地面、高空探测等资料,计算各种对流指标、能量指标,与这四个区域的实际强对流天气状况进行对比分析,得到各种指标的诊断评估结果,并确定各种指标的阈值。

在统计强对流天气时,凡安徽省内有一个站点或以上出现雷暴、大风、冰雹、龙卷等强对流天气中的一种或以上,定义为有强对流天气发生,称为一个强对流天气日。对安徽省内发生的各种类型的强对流天气日数进行统计,重点针对雷暴大风(地面瞬时风速>17 m/s)和冰雹。考虑到强对流天气发生时间主要在春夏季节的下午,因此选择 08 时的探空资料进行计算和分析(黄勇等,2015a,b)。

安徽省内探空站只有阜阳和安庆两个,考虑到两个站的探空资料的代表性有限,适当考察了安徽周围部分探空站的资料,其中徐州站和南京站距离安徽较近,可使用这两个站的探空资料。相应这四个探空站的位置,将安徽分为四个区域:阜阳区域,包含亳州、阜阳、淮南、六安;徐州区域,包含蚌埠、宿州、淮北;安庆区域,包含合肥、池州、安庆、铜陵、黄山、屯溪;南京区域,包含滁州、巢湖、马鞍山、芜湖、宣城。

在强对流指标的选取方面,考虑到分析大气位势和层结不稳定、计算对流能量是目前分析和预报强天气的主要方法。选取以下指标:500 hPa、700 hPa、850 hPa 的温度露点差,500 hPa、700 hPa、850 hPa 的比湿和位温,850 hPa 与 500 hPa 的温度差和位温差,K 指数,A 指数,SI 指数,抬升指数,对流有效位能,归一化对流有效位能,对流抑制能量,位势不稳定指标,能量平衡高度,总指数 TT。一共选取 20 个指标待选。各个指标的含义介绍如下。

温度露点差 $T-T_d$:温度露点差是用来衡量湿度条件。温度露点差越大,表示湿度越小;温度露点差越小,表示湿度越大;当温度露点差近于 $0\,^{\circ}\mathrm{C}$ 时,表示空气达到近似饱和状态。

比湿 q:单位质量湿空气实际含有的水汽质量,可反映空气中水汽含量。

K 指数:$K=(T_{850}-T_{500})+T_{d850}-(T-T_d)_{700}$。$K$ 指数在反映气层不稳定程度的同时考虑了中低层的水汽条件。

A 指数:$A=T_{850}-T_{500}-[(T-T_d)_{850}+(T-T_d)_{700}+(T-T_d)_{500}]$。$A$ 指数是一个综合考虑大气静力稳定度与整层水汽饱和程度的物理量。A 值越大,表明大气越不稳定或对流层中下层饱和程度越高。

总指数 TT 越大表示越不稳定,$TT=T_{850}+T_{d850}-2T_{500}$。

位温：$\theta = T\left(\dfrac{1000}{p}\right)^{\frac{R}{c_p}}$，假设空气微团绝热上升，将所含的水汽全部凝结放出，再干绝热下降到 1000 hPa 时的温度，可表征大气的热状态。

沙氏指数、抬升指数表示气层的不稳定程度，负值越大，气层越不稳定。沙氏指数（SI）是指小空气块由 850 hPa 干绝热地上升到抬升凝结高度（LCL），然后再按湿绝热线上升到 500 hPa，在 500 hPa 上的大气实际温度（T_{500}）与该上升气块到达 500 hPa 温度（T'）差值，即 $SI = T_{500} - T'$。如果气块温度 T' 小于环境温度 T_{500}，则 $SI > 0$，表示气层较稳定；反之 $SI < 0$，表示气层不稳定；负值越大，气层越不稳定。

对流有效位能与归一化对流有效位能：对流有效位能定义在自由对流高度之上，气块可从正浮力作功而获得的能量，表示大气浮力不稳定能量的大小，就几何意义而言对流有效位能正比于 $T\text{-}\ln p$ 图上的正面积，与 SI 反映单层的浮力不同，对流有效位能则是气块浮力能的垂直积分量，更能反映大气整体结构特征。对流有效位能是一个同时包含低层、高层空气特性的参数，被认为能较真实地描述探空资料所代表的大气不稳定度。将 CAPE 值除以积分厚度，使其正规化，得到一个指数归一化对流有效未能（NCAPE），它与厚度无关。对流有效位能（CAPE）与评价大气对流潜力的标准的不稳定指数，例如抬升指数（LI），只有中等程度的相关。这是由于 LI 仅反映单层的浮力，而 CAPE 反映了积分厚度和浮力。

位势不稳定指标是表征大气不稳定度的，其表达式为：

$$I = H_{300} - H_{1000} / (H_{300} + H_{1000} - 2H_{700}) + 10 - 2T_{d700}$$

式中，H_{300}，H_{700}，H_{1000} 分别代表 300 hPa，700 hPa 和 1000 hPa 的位势高度，T_{d700} 为 700 hPa 的露点温度。I 指数反映了低层、中层和高层的高度变化以及中层温度条件。

能量平衡高度：需要用到总温度和饱和总温度的概念。总温度 T_t 可以反映总能量的大小，其计算公式为 $T_t = T + 2.5q + 10Z$，式中，T_t 为总温度，T 为实际温度，单位皆为 K 或 ℃；q 为比湿，单位为 g/kg；Z 为位势高度，单位为 dagpm。饱和总温度 T_s 是指空气达到饱和时的总温度，其表达式为 $T_s = T + 2.5q_s + 10Z$，式中，T_s 为饱和总温度，q_s 为饱和比湿，其他说明同上。用探空记录可算出 q，q_s，因而可绘制出 T_t，T_s 的垂直廓线图。取安徽行星边界层为 925 hPa。根据气块法理论，令气块从行星边界层上升，则气块的过程曲线就是由行星边界层总温度 T_{t925} 决定的铅直线。过程曲线和 T_t 廓线的最高交点称为上升气流的能量平衡高度 P_e。一般来说，能量平衡高度 P_e 愈高，对流强度愈大。

对探空资料计算得到的上述指标与强对流天气发生关系进行分析，一方面考虑指标与强对流天气的相关性，另一方面考虑在同一类指标中不要选定 2 个或 2 个以上的指标，据此挑选出与强对流天气发生关系密切的预报因子。

以强对流天气日中有 70% 的日期能达到的标准来界定各个指标阈值的大小，并研究阈值的季节差异和地域差异。采用指标叠套法建立预报方程，该预报方程为 $Y = A_1 + A_2 + \cdots + A_n$，$A_i$ 为挑选出的与强对流天气关系密切的预报因子。A_i 达到阈值记为 1，未达到则记为 0。Y 值越大表示发生强对流天气发生的可能性越大。

利用中尺度数值预报模式，基于数值预报产品计算产生强对流天气的各种指标格点值；在格点符合阈值赋值为 1 的情况下，进行累加计算，得到强对流天气的叠套指标。每个叠套的格点指标数值越高，表示该格点发生强对流天气的可能性越大。

对典型的强对流天气个例的试预报结果与实况进行对比分析，根据检验结果逐步改进预警阈值,不断完善预警叠套指标。

　　对安徽省内发生的各种类型的强对流天气日数进行了统计(表6.1),得到冰雹天气日24个,雷雨大风天气日39个,龙卷天气日3个,同一天在不同地方发生的强对流天气日28个(表6.2)。可见,在安徽省内,强对流天气的发生主要为雷雨大风和冰雹,以及不同强对流天气现象在同一天不同地点发生为主。单独的龙卷天气发生所占的比例很小,因此在后面的分析将重点对雷雨大风和冰雹天气进行研究,龙卷就暂不做研究。

表6.1　各种强对流天气出现比例

时间	冰雹日 (个)	雷雨大风日 (个)	龙卷日 (个)	多种强对流天气现象日 (个)
2005—2007年	24	39	3	28

　　按照上述区域划分方法,剔除少数探空资料缺失的,最终得到安庆地区强对流天气日45个,阜阳地区强对流天气日28个,徐州地区强对流天气日28个,南京地区强对流天气日37个,见表6.2。

表6.2　各地区强对流天气出现日数(个)

时间	安庆	南京	阜阳	徐州
2005年	15	18	13	20
2006年	14	12	8	6
2007年	16	7	7	2
2005—2007年	45	37	28	28

　　由表6.2可知,安庆地区发生强对流天气日数最多,南京地区次之,阜阳和徐州最少。这一方面和安庆地区纬度偏南,沿江水汽条件较为丰富有关,另一方面也和这里的地形有关——这一区域包括了大别山区和安徽省南部部分山区。南京站所代表的区域分布在长江两侧,也包含了安徽省南部部分山区,发生强对流天气的概率次之。要注意的是上述区域划分后所占的面积并不完全均等。安庆区域和阜阳区域面积最大,而且探空站处于区域较为中心的位置。而南京站和徐州站不在安徽境内,但距离相对应的区域较近,因此分析结果以安庆、阜阳为主。

6.1.2　潜势分析指标的选择

　　由前人的研究结果可知,产生强对流天气需具备基本的不稳定能量、水汽条件、触发抬升机制。据此采用探空资料,对以下指标进行计算:500 hPa、700 hPa、850 hPa温度露点差,500 hPa、700 hPa、850 hPa比湿,500 hPa、700 hPa、850 hPa位温,K指数,A指数,SI指数,850 hPa与500 hPa温度差,850 hPa与500 hPa位温差,对流有效位能,归一化对流有效位能,对流抑制能量,位势不稳定指标,能量平衡高度,总指数TT,一共20个指标。这里面既包括表征水汽、湿度条件的要素,又包括表征位势不稳定的指标和能量指标。这些因子基本能反映出强对流天气发生的天气条件。

　　首先对安徽境内的两个探空站点安庆站和阜阳站的资料进行分析计算,对各个地区在有强对流天气和无强对流天气发生情况下的指标分别计算平均值。根据计算结果,SI 指数、K 指数、A 指数、对流有效位能 CAPE、归一化对流有效位能、对流抑制能量、总指数 TT,以及 850 hPa 和 700 hPa 的 $T-T_d$,其平均值有较为明显的差异。而 850 hPa、700 hPa、500 hPa 的位温,以及 500 hPa 的比湿,在有无强对流天气的情况下差异很小。位势不稳定指标在有强对流天气发生的情况下值高于无强对流天气发生情况下的平均值。能量平衡高度,700 hPa 和 850 hPa 的比湿,以及 500 hPa 的温度露点差在两种天气下有一定的差异,安庆地区这种差异比较明显,但阜阳地区这种差异较小。为了挑选适用于安徽全省的指标,对于在某一区域有无强对流天气发生情况下平均值相对差异小于 10% 的指标不予考虑,因此 850 hPa、700 hPa、500 hPa 的位温,以及 500 hPa、700 hPa、850 hPa 的比湿,500 hPa 的温度露点差,能量平衡高度、500 hPa、700 hPa、850 hPa 的温度差和位温差等指标不再作为待选指标。

　　在两种情况下平均值差异都较大的指标中,对流有效位能和最佳对流有效位能、对流抑制能量的物理意义较为接近,850 hPa 和 700 hPa 的 $T-T_d$ 的物理意义接近。根据预报指标不可重复性原理,在这些指数中尽量挑选物理意义不重复的指标做进一步考察。为此,对徐州和南京地区的资料同样进行相应的统计,总共 K 指数、A 指数、对流有效位能、最佳对流有效位能、对流抑制能量、SI 指数、总指数、$T-T_{D700}$、$T-T_{D850}$ 这九个指标,有作为进一步考察的对象。

　　通过计算发现,K 指数、A 指数、SI 指数、对流有效位能、最佳对流有效位能、对流抑制能量在有无强对流发生的情况下仍然有很大的差异,而 700 hPa 和 850 hPa 的温度露点差在南京地区差异较大,在徐州地区则差异较小;总指数在徐州地区差异大,在南京地区的差异小。这说明 700 hPa、850 hPa 的温度露点差和总指数三个指标未必适合推广到安徽全省。对流有效位能、归一化对流有效位能、对流抑制能量三个指标的平均值差异都很大,但物理意义接近,需要进一步地分析来选择最佳的因子。综上所述,目前选择的指标有六个:K 指数,A 指数,SI 指数,对流有效位能 CAPE,归一化对流有效位能,对流抑制能量。

　　再将这四个区域结合逐月统计,发现:K 指数在 6—8 月较高,9 月平均值最高;SI 指数在 4—7 月的平均值是逐步下降的,7 月达到谷底,之后逐步回升;对流有效位能在 6 月、7 月、8 月三个月相对处于高位,归一化对流有效位能的趋势类似。对流抑制能量 5 月非强对流天气发生比强对流天气发生值还要大。经检查数据,发现这个指标在计算中产生的数据溢出较多,导致可用的有效数据较少,可能影响到了结果的准确性。另外,这个指标本身的变化也不太规律,原因有待进一步讨论,但从结果上看对流抑制能量并不非常适合用于强对流天气的预警预报。A 指数的变化和 K 指数较为类似,但 6 月非强对流比强对流的值反而大,而且 A 指数和 K 指数的物理意义又较为接近,因此最终选择三个指标:SI 指数,对流有效位能 CAPE,K 指数作为对流潜势判别指标。

6.1.3　潜势分析指标判别阈值的确定

　　(1)初选阈值

　　以强对流天气日中有 60% 的日期能达到的标准来界定阈值大小,可得到四个区域的阈值结果。经对四个区域未发生强对流天气时 4—5 月、6—8 月、9 月平均值分布趋势分析,发现:

各区域间的指标存在差异,但这种差异并未呈现特别明显的南北或东西差异。考虑到这种地域的差异并不明显,因此将四个区域放在一起统一划分初选阈值见表 6.3。

表 6.3　初选指标阈值

时间	SI	CAPE	K
4—5 月	4.76	76.5	18.25
6—8 月	1.49	384.5	29.25
9 月	2.69	32	19

(2)回报试验及阈值调整

采用指标叠套法建立潜势预警方程。该预警方程的表达式为 $Y=A_1+A_2+A_3$,A_i 达到阈值记为 1,未达到则记为 0,Y 的值为 0~3 的整数,数值越大表示发生强对流天气的可能性越大,数值越小表示发生强对流天气的可能性越小。对 2005—2009 年的 12 个强对流天气过程利用数值模式进行回报试验。

12 个个例中,4 个个例为单个站点出现强对流天气,预报结果有 50% 的预报效果为 2 级,50% 为 1 级;另外 8 个个例为多个站点发生的系统性强对流天气过程,预报等级均达到 3 级,但有这些个例的强对流天气落区范围普遍偏大。因此,有必要对阈值进行一定的调整,将之前以强对流天气日中有 70% 以上的日期能达到的标准来界定阈值大小,调整为以强对流天气日中有 60% 以上的日期能达到的标准来界定阈值大小,调整确定后的阈值见表 6.4。

表 6.4　调整确定的指标阈值

时间	SI	CAPE	K
4—5 月	4.20	89.5	21.25
6—8 月	1.23	443.5	30.3
9 月	2.39	76	20

调整阈值后对 12 个个例进行分析,回报结果显示大部分过程模式的预报效果较好,80% 以上预报等级达到 3 级的强对流天气落区能包含实况发生地,预报效果较差的 2 个例子均为单独一个站点发生强对流天气的个例。同时对一些没有发生强对流天气的过程也进行了预报试验分析,发现存在一定的空报现象,尤其是在一些暴雨过程中,模式预报的强对流天气等级也较高。

6.2　基于 PGS/PWV 的水汽条件判别指标

6.2.1　方法介绍

定义 PGS/PWV 从谷底上升并超过阈值后到达峰值,然后下降并低于阈值的这段时间为 PWV 变化的一次过程,这段时间的所有降水作为一个降水过程。PWV 从谷底上升到并超过阈值开始预报有降水发生,如果实况有大于 0.1 mm 的降水发生,视为预报正确,没有降水过程,视为空报;如果实况有降水,这个 PWV 整个过程又低于阈值,则视为漏报(见预报实况列联表 6.5)。同时定义了三种预报评分方法进行检验,综合考虑三种评分方法和样本数确定预报阈值。

表 6.5　预报实况列联表

条件	预报有	预报无	合计
实况有	N11	N21	N1
实况无	N12	N22	N2
合计	N1	N2	N

三种预报评分方法的定义为

临界成功指数：　　$\mathrm{CSI}=N11/(N11+N12+N21)$

命中率：　　　　　$\mathrm{POD}=N11/N1$

伪警率：　　　　　$\mathrm{FAR}=N12/N1$

6.2.2　预报阈值

表 6.6 给出了安徽省 5 月 13 个站 PGS/PWV 预报阈值的结果,先选定 27 为初始阈值,计算该月达到阈值的次数、降水次数、报准次数、漏报次数和空报次数,并计算相应的 CSI、POD 和 FAR,每次阈值增加 1,以此类推计算出相应的各值。综合考虑三种预报评分标准和过程样本,5 月选取 PWV 值为 44 mm 作为该月的预报阈值。同样的方法给出 5—9 月的 PWV 的预报阈值,详见表 6.7。

表 6.6　安徽省阈值选取表(以 5 月 13 个站的 PWV 资料统计为例)

PWV 阈值 (mm)	N1 达到阈值的次数	N1 降水次数	N11	N21	N12	CSI	POD	FAR
27	290	97	79	18	3	0.79	0.963	0.037
28	282	90	70	20	1	0.769	0.986	0.014
29	286	85	70	15	1	0.814	0.986	0.014
30	276	113	80	33	0	0.708	1	0
31	279	106	69	37	0	0.651	1	0
32	258	78	55	23	2	0.688	0.965	0.035
33	260	79	58	21	2	0.716	0.967	0.033
34	268	98	76	22	1	0.768	0.987	0.013
35	244	96	68	28	1	0.701	0.986	0.014
36	232	89	69	20	2	0.758	0.972	0.028
37	229	100	70	30	2	0.686	0.972	0.028
38	214	74	64	10	1	0.853	0.985	0.015
39	208	74	58	16	2	0.763	0.967	0.033
40	195	67	52	15	1	0.765	0.981	0.019
41	189	55	44	11	0	0.8	1	0
42	184	58	47	11	1	0.797	0.979	0.021
43	175	54	44	10	1	0.8	0.978	0.022

续表

PWV 阈值 （mm）	N1 达到阈值的次数	N1 降水次数	N11	N21	N12	CSI	POD	FAR
44	174	58	52	6	0	0.897	1	0
45	162	61	50	11	0	0.82	1	0
46	160	59	47	12	0	0.797	1	0
47	148	55	46	9	0	0.836	1	0
48	140	51	45	6	0	0.882	1	0
49	133	54	43	11	0	0.796	1	0
50	123	39	32	7	0	0.821	1	0
51	118	39	32	7	0	0.821	1	0
52	112	34	28	6	0	0.824	1	0
53	107	29	25	4	0	0.862	1	0
54	96	29	23	6	0	0.793	1	0
55	81	22	20	2	0	0.909	1	0
56	65	18	14	4	0	0.778	1	0
57	60	17	14	3	0	0.824	1	0
58	52	12	10	2	0	0.833	1	0
59	50	14	12	2	0	0.857	1	0
60	40	14	12	2	0	0.857	1	0
61	33	11	9	2	0	0.818	1	0
62	29	11	9	2	0	0.818	1	0
63	29	10	9	1	0	0.9	1	0
64	21	10	9	1	0	0.9	1	0
65	19	10	9	1	0	0.9	1	0
66	14	9	8	1	0	0.889	1	0
67	8	5	5	0	0	1	1	0
68	7	4	4	0	0	1	1	0
69	5	4	4	0	0	1	1	0
70	4	3	3	0	0	1	1	0

表 6.7　安徽省 5—9 月 PWV 预报阈值

月份	PWV 阈值 （mm）	达到阈值的 次数	N1 降水次数	N11	N21	N12	CSI	POD	FAR
5	44	174	58	52	6	0	0.897	1	0
6	55	110	61	41	20	0	0.672	1	0
7	62	300	136	92	44	0	0.676	1	0
8	62	303	203	130	73	0	0.64	1	0
9	45	128	76	40	36	3	0.506	0.93	0.07

6.3　江淮对流云作业条件雷达宏观参量判别指标

6.3.1　资料与方法

使用 2013—2015 年间安徽阜阳、蚌埠、合肥以及河南驻马店多普勒雷达合成的三维拼图数据以及区域站分钟降水资料、探空资料。

为了判断对流云降水的有效性,分析各个雷达参数与降水的相关性,选择相关性比较好的参数作为梯形函数的隶属函数对参数进行模糊化,见式(6.1)。

$$T(x,x_1,x_2)=\begin{cases} 0 & x\leqslant x_1 \\ \dfrac{x-x_1}{x_2-x_1} & x_1<x\leqslant x_2 \\ 1 & x>x_2 \end{cases} \tag{6.1}$$

式中,x 为识别参数,x_1、x_2 为参数门限值。

最后求得一个总的条件概率 P,即为降水的指标,w 为参数的权重,见式(6.2)。

$$P=\sum_{i=1}^{n}W_iP_i \tag{6.2}$$

6.3.2　判别指标方程

(1)指标初选

选择产生降水的对流云样本,并剔除 13 min 以下的对流云样本,各参数与雨强的相关系数如表 6.8。

表 6.8　对流云雷达参量与雨强相关系数表

物理参量	相关系数
30 dBz 云面积极大值	0.130024
30 dBz 云面积平均值	0.129026
18.5 dBz 云面积极大值	0.0404265
18.5 dBz 云面积平均值	−0.0591732
回波顶高极大值	0.270617
回波顶高平均值	0.227826
18.5 dBz 云面积极大值	0.0555126
18.5 dBz 云面积平均值	−0.01039
30 dBz 云体积极大值	0.151079
30 dBz 云体积平均值	0.163324
18.5 dBz 云水平垂直轴比极大值	−0.13235
18.5 dBz 云水平垂直轴比平均值	−0.174721
30 dBz 云水平垂直轴比极大值	0.0249813

物理参量	相关系数
30 dBz 云水平垂直轴比平均值	−0.00588959
30 dBz 云质量极大值	0.192597
30 dBz 云质量平均值	0.218885
对流性概率极大值	0.1204
对流性概率平均值	0.141205
冷层厚度极大值	0.256239
冷层厚度平均值	0.209837
平均反射率极大值	0.451515
平均反射率平均值	0.412545

（2）指标确定

从表 6.8 中可以看出，平均反射率因子、回波顶高、冷层厚度 30 dBz 云质量与降水的相关性较好。回波顶高和冷层厚度均表示对流云发展的高度。由于冷层厚度更能代表云中过冷水含量，故而选择平均反射率极大值、冷层厚度极大值、30 dBz 云质量平均值作为对流云判别指标。平均反射率极大值、冷层厚度极大值表示了对流云发展强度的状态，30 dBz 云质量平均值表示了对流云总体发展状况（胡志群等，2014）。

统计在雨强 1 mm/h 及以下和 1 mm/h 以上样本的平均反射率极大值、冷层厚度极大值、30 dBz 云质量平均值的均值，结果见表 6.9。

表 6.9　选定物理参量门限值表

物理参量	雨强≤1 mm/h	雨强＞1 mm/h
平均反射率因子极大值（dBz）	32.44	33.31
冷层厚度极大值（km）	6.15	6.5
30 dBz 云质量平均值（10^6 kg）	190.55	499.37

以平均反射率极大值、冷层厚度极大值、30 dBz 云质量平均值这三个参量作为指标建立模糊逻辑函数。对于平均反射率极大值，门限值 $x_1=32.44$，$x_2=33.31$；对于冷层厚度极大值，门限值 $x_1=6.15$，$x_2=6.5$；对于 30 dBz 云质量平均值，门限值 $x_1=190.55$，$x_2=499.37$。

根据各参数的相关系数，计算各参数的贡献率，给出最后的判定方程：

$$P=0.487P_d+0.277P_H+0.236P_m$$

式中，$P\in[0,0.1)$，无条件；

$\quad P\in[0.1,0.3)$，条件较差；

$\quad P\in[0.3,0.6)$，条件一般；

$\quad P\in[0.6,0.8)$，条件较好；

$\quad P\in[0.8,1]$，条件很好。

6.4　江淮对流云作业条件雷达微观参量判别指标

6.4.1　方法介绍

通过对流风暴的微观特征与地面雨量之间的关系,建立人影作业潜势预报指标,其中对流风暴单体微观特征有雨滴谱分布参数(雨滴数密度和中值体积直径)、过冷水总量、四种相态比例。

首先,统计对流风暴单体在不同雨滴谱分布参数、过冷水总量、四种相态比例区间内的总个数。

再者,对不同微观特征参量区间内的对流风暴单体,再进行不同雨量的划分,即通过该区间内的对流风暴的位置和尺度,查找对流风暴覆盖下的雨量站平均雨量,获得该参量区间内,大于或小于某个雨量阈值的对流风暴个数。这样可以获得该参量区间内,大于或小于某个雨量阈值的对流风暴个数占该区间内总对流风暴个数的比例。

最后,若在某个参量区间内,大于或小于某个雨量阈值的对流风暴的比例在 50% 以上,那么该参量区间则判定为潜势预报指标。

6.4.2　判别指标

(1)雨强低于 10 mm/h 时雨滴谱参数概率分布

提取对流风暴的平均雨滴数密度和中值体积直径,在雨强低于 10 mm/h 时,两个雨滴谱参量的概率,若对流风暴的雨滴数密度、中值体积直径满足{(200,400],(1.4 1.5]};{(100,400],(1.5,1.6]};{(100,300],(1.6,1.7]} {(100,200],(1.7,1.9]}区间范围内,超过 50% 以上的对流风暴雨强低于 10 mm/h。

(2)雨强低于 10 mm/h 时过冷水总量概率分布

若对流风暴识别出过冷水,且过冷水总量超过 10 t 时,若对流风暴过冷水总量取对数后满足(1,5]时,超过 50% 对流风暴雨强低于 10 mm/h。

(3)雨强高于 10 mm/h 时雪的比例概率分布

提取对流风暴相态识别结果中的雪的平均比例,若雪的平均比例在[0,0.25]范围内时,超过 50% 以上的对流风暴雨强高于 10 mm/h。

通过上述指标,经过 2015 年雷达数据的验证,以对流风暴的雨滴数密度、中值体积直径满足{(200,400],(1.4,1.5]};{(100,400],(1.5,1.6]};{(100,300],(1.6,1.7]} {(100,200],(1.7,1.9]}时,雨强低于 10 mm/h 的成功率约为 64%;若对流风暴识别出过冷水,且其总量取对数后满足(1,5]时,雨强低于 10 mm/h 的成功率约为 94%;若相态识别中雪的比例在[0,0.25]范围内时,小时雨量大于 10 mm 的成功率约为 86%。

对流云作业条件雷达微观参量判别指标:

识别出雪时:雪的比例在[0,0.25]之间,可发生降水,且雨强大于 10 mm/h(86%);

识别出过冷水时:过冷水总量取对数后满足(1,5]时,可发生降水,但雨强小于 10 mm/h(94%);

未识别出过冷水时:雨滴数密度、中值体积直径满足{(200,400],(1.4,1.5]};{(100,

400],(1.5,1.6]}；{(100,300],(1.6,1.7]}{(100,200],(1.7,1.9]}时,可发生降水,但雨强小于 10 mm/h(64%)。

6.5　江淮对流云催化作业指标

6.5.1　资料和方法

利用三维准弹性对流云模式和安徽省阜阳 08 和 20 时单点探空资料进行催化试验,选择作业效果较好的过程进行分析,得到最佳催化方案和作业指标。其中三维准弹性模式是对 AgI 的成冰催化过程的数值实验将模式原在播撒区域增加冰晶的过程改为播撒 AgI 的成核过程,模式中增加了云滴数浓度和云凝结核数浓度两个参数。云微根据对流云中水的相态、形状、比重等将水分成 6 种,即水汽 Q_v、云水 Q_c、雨水 Q_r、冰晶 Q_i、霰 Q_g 和雹 Q_h,云滴、雨滴、冰晶、霰、雹的比浓度 N_c、N_r、N_i、N_g、N_h。考虑了 26 种主要微物理过程,即冰、雨、云、霰的凝结(华)和蒸发 S_{vi}、S_{vr}、S_{vc}、S_{vg}；冰、霰、雹、雨对云滴的碰并(C_{ci}、C_{cg}、C_{ch}、C_{cr});雨滴和冰晶的碰并(C_{ri}、C_{ir})霰、雹碰并雨滴(C_{rg}、C_{rh});霰、雹碰并冰晶(C_{ig}、C_{ih});冰晶的核化、繁生(P_{vi}、P_{ci});云雨转化(A_{CR});冰霰转化(A_{ig});霰雹转化(A_{gh});雨冻结成霰(M_{rg});霰、雹、冰融化成雨(M_{gr}、M_{hr}、M_{ir});冰晶相并(C_{ii});雨滴相并(C_{rr});雹的湿增长极限(C_{wh});加 N 表示过程中的比浓度变化率;$T > T_0$ 时,冰晶被碰并融化在雨滴中,$T < T_0$ 时,冰晶碰并雨滴后雨滴冻结成霰。该模式应用于湖北和青海对流云降雨外场实验,探讨了用模式计算为人工增雨作业能提供怎样的帮助。

6.5.2　结果分析

(1)模式参数的选取

由于使用 08 时探空资料,研究对流的发展将其订正到午后,白天的增温使边界层趋于中性层结即干绝热状态,所以模式在求出自由对流高度后按 γ_d 订正云下各层的温度。由于云下各层往往在达不到干绝热前即可发展对流。模式中对流是采用热湿泡启动的(直径 5 个格点,高度 1~2 层,从中心向外以 $\cos^2(\pi r/2R)$ 的比例减弱)。扰动中心湿度 cq 为 0.8 时,无降水,选择 cq 为 0.9~0.95 为宜,温度增量 $ch = 1$,$cq = 0.90$ 时,无降水。通过不同温度不同湿度的敏感性试验发现本模式对湿度的敏感性较强,对温度不敏感。所以模式选择 $ch = 2$,$cq = 0.9$ 进行模拟。

选取白天增温订正参数 $\gamma_d = 0.0095℃$ 对探空进行订正温度,模式积分范围 80×80×30,水平格距为 1200 m,垂直格距为 700 m,云发展时间 90 min,采用湿热泡启动,直径为 5 个格点,高度为 2 个格点,从中心向外以余弦函数递减,选取中心点增温值 $ch = 2℃$ 和相对湿度值 $cq = 90%$,积分时间 2 s,数据输出间隔为 3 min。主要模拟 2013 年的 7 月 17—20 日和 7 月 31 日,共 5 个个例自然云降水过程和催化试验。选择在云发展时期的最大过冷云水处、最大回波处,最大上升气流处以及最大雨水处进行催化试验。

(2)自然云降水过程模拟

以 2013 年 7 月 17 日为例给出详细的分析。2013 年 7 月 17 日实况:安徽省处在副高外围 584~586 dagpm 附近,安徽省江淮之间西部至淮北东北出现一条东北—西南向多对流单体群组成的回波带,最强回波 50 dBz 左右,以阜阳 08 时探空资料输入模拟,进行对流云模拟,云体发展时间定为 90 min。云底高度在 1016.33 m,云底温度 $T_c = 22℃$,格点最大累计雨量 38 mm,地面累计雨量达 4424 kt。

模拟雷达回波发展情况结合各微物理量特征分析:初始回波于 18 min 出现在高度 4～7 km,最大强度 35 dBz,回波的形成主要是云水和雨水,极少量的冰晶和霰,回波在移动的过程中向上、向下发展,此时最大云水量为 4.87 g/kg,雨水比含量为 1.52 g/kg。最大上升气流 14 m/s。云发展 24 min 时,回波及地,地面出现少量降水,云体中主要为上升气流,云体继续发展,此时最大云水量为 4.09 g/kg,雨水比含量为 6.5 g/kg,云顶高度达到 11.9 km,最大上升气流 18 m/s,同时云中有冰晶、霰、雹生成,冰晶最大比质量为 0.0074 g/kg,比浓度已经达到 591890 个/m³,霰最大比质量达 5.51 g/kg,冰雹比质量为 0.026 g/kg,云中存在大量的过冷云水,最大雨水量在 4.2～6.3 km 处。云发展 30 min 时,云水在垂直方向的分布出现穹窿结构,最大上升速度达到 19 m/s。33 min 时,强回波中心出现下沉气流,云水雨水比质量明显减少,霰量达到 11.92 g/kg。36 min 时云发展最旺盛,雨水比浓度达到 10984107 个/m³,云水比质量为 3.6 g/kg,云顶高度达到 15.4 km,此后冷云降水过程旺盛,45～48 min 以后,强回波云体开始减弱,回波面积增加。

(3)催化试验

为了检验冷云催化剂在云中的作用,先尝试不同时间、不同位置在云中增加冰晶来了解冰晶对云中微物理过程和各种降水粒子分布以及可能产生的增雨效果,详见表 6.10。从增雨效果来看,在云发展 15～24 min,单位体积内播撒 $3×10^6$～$5×10^7$ 个/m³ 浓度的冰核均能取得正增雨效果,其中播撒剂量 $3×10^7$ 个/m³、时间上在云发展 21～24 min 播撒催化剂增雨效果较好。

表 6.10　在云发展过程中不同时刻、不同位置、播撒不同剂量催化剂增雨量(单位:kt)

播撒位置	播撒浓度（个/m³）	播撒时间（min）						
		12	15	18	21	24	27	30
Maxw	$3×10^6$	−22	41	58	96	73	−1	
	$5×10^6$	−16	61	73	129	92	−31	
	$3×10^7$	−8	114	113	144	98	47	40
	$5×10^7$	17	75	60	123	40	−16	
	$3×10^8$	−87	−80	−211	−142	−217	−261	
Maxzr	$3×10^6$		19	108	103	190	133	
	$5×10^6$		22	148	40	223	187	
	$3×10^7$		58	121	158	127	86	−10
	$5×10^7$		47	79	98	101	37	
	$3×10^8$		−34	−84	−297	−181	−128	
Maxqc	$3×10^6$	17	16	55	119	117	30	
	$5×10^6$	27	25	50	128	118	23	
	$3×10^7$	85	46	107	87	146	81	
	$5×10^7$	52	57	65	46	75	15	
	$3×10^8$	−27	−124	−244	−304	−190	47	

播撒 位置	播撒浓度 （个/m³）	播撒时间（min）						
		12	15	18	21	24	27	30
	3×10^6		9	67	126	157	117	128
	5×10^6		36	109	154	202	89	137
Maxqr	3×10^7			172	198	167	109	14
	5×10^7			104	176	138	93	−45
	3×10^8			−34	−54	−142	−46	−253

（4）催化效果分析

表 6.10 结果显示，播撒 3×10^7 个/m³ 浓度的催化剂（根据催化位置计算共播撒催化剂 3×10^{16} 个冰核）可以取得明显的正增雨效果。对比各个方案的催化结果，个例中在最大雨水处进行播撒可取得明显的正增雨效果。时间上主要考虑在 $15\sim27$ min 播撒，最大增雨量 21 min 进行播撒。选取两个试验方案结果与自然云模拟结果对比，云发展 21 min 在 Maxqr 处播撒 3×10^7 个/m³ 催化剂，为方案 1，24 min 在 Maxzr 处播撒 5×10^6 个/m³ 催化剂，定为方案 2。其中"_−0""_1"和"_2"分别代表自然云、方案 1 和方案 2 的物理量（以下相同），其中 r 代表 3 min 雨量，ccr 云滴碰并成雨，Mhr、Mgr 分别表示雹和霰融水过程，Cii 冰晶的碰并增长过程，smqc1、smqr 表示过冷云水量和雨水里，szr 代表大于 18 dBz 的回波面积。分析降水机制和增雨机制。本个例催化方案 1 和方案 1 催化后雨强先减少后增加，主要通过增加后期降水量达到增雨的目的。从微物理过程分析：催化后云滴碰并成雨的过程 Ccr 稍有增强，但不明显，雹融水（Mhr）过程减弱，霰融水过程先减弱后增强，催化后云中过冷云水（smqc1）明显减少，雨水量明显增加，催化后大于 18 dBz 回波面积回波面积明显增加。

为了分析催化前后宏观量的变化，选择云发展 18 min 时 maxqc 处催化前后最大上升气流（Maxw）、最强回波（Maxzr）、最大回波顶高（maxET）、最大过冷积分云水（maxglv）、积分云水（maxVIL）、云水比含量、雨水比含量、30 dBz 回波体积（V_{zr30}）和 50 dBz 的回波体积（V_{zr50}）进行对比，发现催化后最大上升气流催化后增强，最强回波先减少后增加，尤其是云发展中后期增加明显；Maxzr、Maxqc、Maxqr 作业后先稍减后增大，云消亡阶段再次减小；积分云水和过冷积分云水先增加后减小；作业后 maxET、V_{zr30} 明显增加。

根据上述催化试验，催化作业指标宜选择：

催化时间：在云发展 $15\sim24$ min（90 min 生命期）；

播撒剂量：单位体积内播撒 $3\times10^6\sim5\times10^7$ 个/m³ 浓度的冰核；

播撒部位：最大雨水处。

统计五个个例中正增雨效果和各反演雷达参量的关系，催化作业雷达判别指标宜选择：

最大上升气流：$4\sim21$ m/s；

最大回波强度：$50\sim58$ dBz；

最大云水量：$2\sim8$ g/kg；

最大回波顶高（18 dBz）：$6000\sim12000$ m；

最大液态含水量：$2\sim6$ kg/m³；

水平垂直轴比（18 dBz）：$0.8\sim1.5$；

水平垂直轴比(30 dBz):0.9～1.3。

而回波体积与增雨量关系不密切。

6.5.4　效果评估指标

综合分析区域历史回归统计检验、TITAN 风暴识别追踪物理检验、成对对流云效果评估三种方法:区域历史回归统计检验是一种统计检验方法;TITAN 风暴识别追踪物理检验和成对对流云效果评估是物理检验方法。利用这三种方法进行效果检验,对流云人工增雨作业均有较好的正效果。但区域历史回归统计检验由于 5% 显著性检验通过率较低,需在实际业务中谨慎使用。

雨量作为定量反映催化效果的物理量,是较好的评估变量。利用雨量作为评估变量,由于小时雨量自然变率较大,区域相关性较差,比较适合用于持续时间较短的阵性降水或时间较短的作业;而日雨量的自然变率较小,区域相关性更好,比较适合用于时间较长的降水过程或持续进行的作业过程。

利用两种物理检验方法进行效果检验,均可反映出目标云与对比云雷达参量间的差异,生命期是一个较好的评估变量;而强回波面积随时间变化差异很大,不同的个例之间回波面积有显著不同,有时临近时次变化幅度超过数百倍,波动很大,不适宜作为评估变量;组合反射率、回波顶高和垂直积分液态水含量的不确定性和波动范围较小,能在一定程度上反映催化后云体宏微观物理参量的变化,应适宜作为评估变量。

综合上述分析,可以作为效果评估指标的评估参量有:

雨量:小时雨量适用于持续时间较短的阵性降水或时间较短的作业;日雨量适用于时间较长的降水过程或持续进行的作业过程。

参考数值:相对增雨 54.8%。此方法在实际业务中应谨慎使用。

生命期:适合用于物理检验。

参考数值:增加 66%。

组合反射率:适合用于物理检验。

参考数值:增加 5.6%。

回波顶高:适合用于物理检验。

参考数值:增加 5.6%。

垂直积分液态水含量:适合用于物理检验。

参考数值:增加 14.7%。

参考文献

陈宝君,李子华,刘吉成,1998.三类降水云雨滴谱分布模式[J].气象学报,56(4):506-512.

陈宝君,李爱华,吴林林,等,2015.暖底对流云催化的微物理和动力效应的数值模拟[J].大气科学.doi: 10. 3878/j. issn. 1006-9895. 1503. 14271.

刁秀广,朱君鉴,黄秀韶,等,2008.VIL 和 VIL 密度在冰雹云判据中的应用[J].高原气象,27(5):1131-1139.

郭学良,付丹红,胡朝霞,2013.云降水物理与人工影响天气研究进展(2008—2012 年)[J].大气科学,37(2): 351-363.

胡志群,刘黎平,吴林林,2014.C 波段偏振雷达几种系统误差标定方法对比分析[J].高原气象,33(1): 221-231.

黄勇,陈生,冯妍,等,2015a.中国大陆 TMPA 降水产品气候态的评估[J].气象,43(1):353-363.

黄勇,吴林林,冯妍,等,2015b.两次对流云合并过程的双偏振雷达观测研究[J].高原气象,34(5):1474-1485.

贾烁,姚展予,2016.江淮对流云人工增雨作业效果检验个例分析[J].气象,42(1):101-109.

金祺,袁野,纪雷,等,2015.安徽滁州夏季一次飑线过程的雨滴谱特征[J].应用气象学报,26(6):725-734.

刘黎平,郑佳锋,阮征,等,2015.2014 年青藏高原云和降水多种雷达综合观测试验及云特征初步分析结果[J]. 气象学报,73(4):635-647.

刘治国,陶健红,杨建才,等,2008.冰雹云和雷雨云单体 VIL 演变特征对比分析[J].高原气象,27(6): 1363-1374.

鲁德金,袁野,吴林林,2015.安徽地区春夏季冰雹云雷达回波特征分析[J].气象,41(9):1104-1110.

覃丹宇,黄勇,李博,等,2014.梅雨锋云系的模态研究 I:主导模态[J].大气科学,38(4):700-718.

阮征,金龙,葛润生,等,2015.C 波段调频连续波天气雷达探测系统及观测试验[J].气象学报,73(3): 577-592.

王晓芳,崔春光,2012.长江中下游地区梅雨期线状中尺度对流系统分析Ⅰ:组织类型特征[J].气象学报,70 (5):909-923.

许焕斌,2015.人工影响天气科学技术问答[M].北京:气象出版社:138-140.

袁野,冯静夷,蒋年冲,等,2008. 夏季催化对流云雷达回波特征对比分析[J].气象,34(1):41-49.

袁野,朱士超,李爱华,2016. 黄山雨滴下落过程滴谱变化特征[J].应用气象学报,27(1):1-7.

郑淋淋,孙建华,2012.干、湿环境下中尺度对流系统发生的环流背景和地面特征分析[J].大气科学,37(4): 891-904.

朱士超,袁野,吴林林,等,2017. 江淮对流云发生规律及其垂直结构分析[J].气象,43(6):696-704.

BLACK R A,HEYMSFIELD G M,HALLETT J,2003. Extra large particle images at 12 km in a hurricane eyewall: Evidence of high-altitude supercooled water? [J]. Geophysical Research Letters,30(21).

CHEN B J,YANG J,PU J,2013. Statistical characteristics of raindrop size distribution in the Meiyu season observed in Eastern China[J]. J Meteor Soc Japan,91(2):215-227.

CHEN B, YIN Y, 2014. Can we modify stratospheric water vapor by deliberate cloud seeding? [J]. J Geophys Res Atmos, 119:1406-1418.

FULTON R A,BREIDENBACH J P,SEO D J,et al,1998. The WSR-88D rainfall algorithm[J]. Wea Forecasting,13(2):377-395.

GALLUS W A,SNOOK N A,JOHNSON E V,2008. spring and summer severe weather reports over the Midwest as a function of convective mode: A preliminary study[J]. Weather and Forecasting,23(1):

101-113.

GREENE D R, CLARK R A,1971. An indicator of explosive development in severe storms[C]. 7th conference on severe local Storms, Missoui.

HEYMSFIELD G M,TIAN L,HEYMSFIELD A J,et al,2010. Characteristics of deep tropical and subtropical convection from nadir-Viewing high-Altitude airborne Doppler Radar[J]. Journal of the Atmospheric Sciences, 67(2):285-308.

LERACH D G, RUTLEDGE S A, WILLIAMS C R,et al,2009. Vertical Structure of Convective Systems during NAME 2004[J]. Monthly Weather Review, 138(5):1695-1714.

LOMBARDO K A,COLLE B A,2010. The spatial and temporal distribution of organized convective structures over the Northeast and their ambient conditions [J]. Monthly Weather Review, 138 (12): 4456-4474.

MAKI M,KEENAN T D,SASAKI Y,et al,2001. Characteristics of the raindrop size distribution in tropical continental squall lines observed in Darwin,Australia[J]. J Appl Meteor,40(8):1393-1412.

MARZANO F S,CIMINI D, MONTOPOLI M,2010. Investigating precipitation microphysics using ground-based microwave remote sensors and disdrometer data[J]. Atmos Res, 97(4):583-600.

SHARMA S,KONWAR M,SARMA D K,et al,2009. Characteristics of rain integral parameters during tropical convective, transition, and stratiform rain at Gadanki and its application in rain retrieval[J]. Journal of Applied Meteorology & Climatology, 48(6):1245-1266.

STEVEN A Amburn,PETER L Wolf,1997. VIL Density as a Hail Indicator[J]. Wea Forecasting, 12: 473-478.

ULBRICH C W,1983. Natural variations in the analytical form of the raindrop size distribution[J]. J Climate Appl Meteor,22(10):1764-1775.

ULBRICH C W,ATLAS D,2007. Microphysics of raindrop size spectra:Tropical continental and maritime storms[J]. J Appl Meteorol Climatol,46(11):777-1791.

WINSTON H A,RUTHI L J,1986. Evaluation of RADAP Ⅱ severe storm detection algorithms[J]. Bull Amer Meteor Soc, 61(2):142-150.

ZHANG G,VIVEKANANDAN J,BRANDES E A,et al,2003. The shape-slope relation in observed ga mma raindrop size distributions:Statistical error or useful information? [J]. J Atmos Ocean Technol,20 (8):1106-1120.

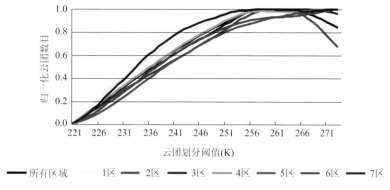

图 2.2　不同红外亮温阈值划分的日均云团数目

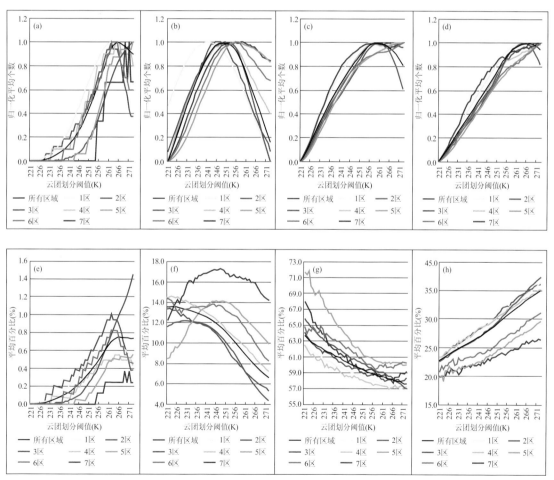

图 2.3　(a)大尺度；(b)α 中尺度；(c)β 中尺度；(d)γ 中尺度云团日均个数
以及(e)大尺度；(f)α 中尺度；(g)β 中尺度；(h)γ 中尺度百分比

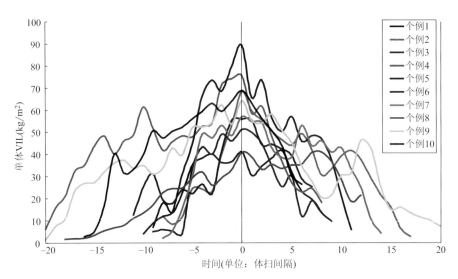

图 2.8　冰雹云个例单体 VIL-时间序列变化图

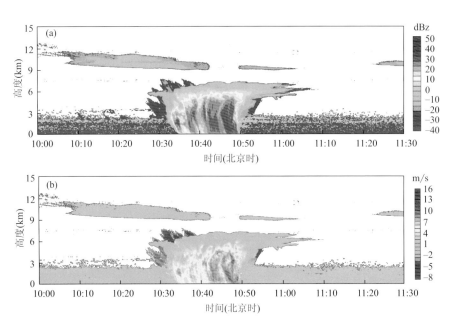

图 2.11　孤立对流云

(a)连续波雷达反射率因子;(b)降水粒子下落速度

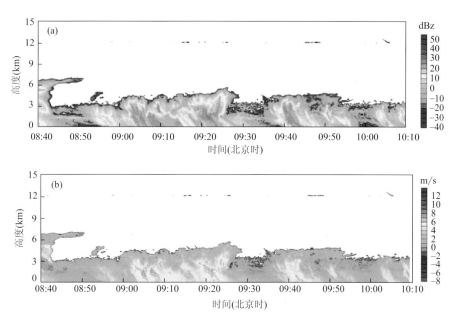

图 2.12　簇状对流云

（a）连续波雷达反射率因子；（b）降水粒子下落速度

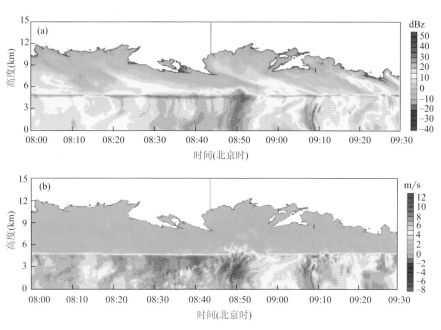

图 2.13　簇状对流云

（a）连续波雷达反射率因子；（b）降水粒子下落速度

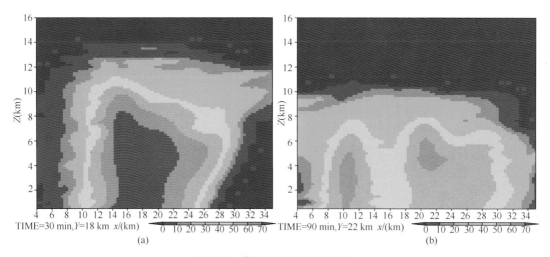

图 4.2　模拟的雷达回波(dBz)

(a) 30 min;(b) 90 min 在 x-z 剖面(西—东方向)的分布

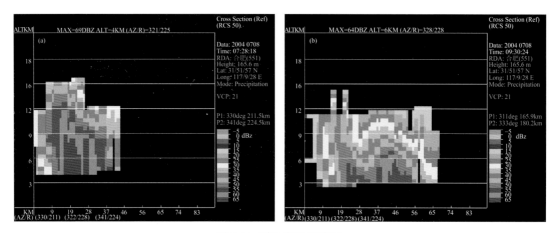

图 4.3　雷达实测回波图

(a) 07：28;(b) 09：30

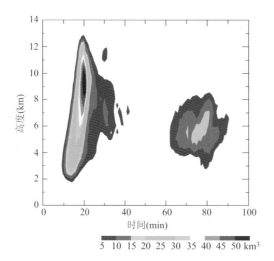

图 4.5　速度值超过 10 m/s 的上升气流区体积(单位:km^3)随时间和高度的变化